愛される街

続・人間の居る場所

三浦 展
miura atsushi

而立書房

ブックデザイン　中　新

写　真　三浦　展

目次

第一部　愛される街

第二部　街を動かす女性

第一部

愛される街

1章　愛される街を考える

西荻窪の魅力

――三浦さんは西荻窪がお好きでいらっしゃいますが、西荻窪の魅力は何でしょうか。

三浦　西荻窪に仕事場を構えてから十年位になります。自宅が吉祥寺で西荻窪に近いこと、街の雰囲気が好きなこと、そしてちょうど良い物件があったので吉祥寺から仕事場を引っ越しました。

この街の良いところは、まず個人経営の店が多く、特に美味しい飲食店、食品店がたくさんあること。ビジネス街だと、値段の割にはどうってことないお店とか、チェーン店が多いですが、西荻はビジネスマンが少ないのでランチで並ぶ必要はないし、美味しい上に値段も手頃なお店がたくさんあります。

私の仕事は、いろいろなアイデアを出さないといけない仕事なので、リフレッシュは大事です。打ち合わせを兼ねた会食にも便利ですよ。

また、いいアイデアを生み出すためにも、外へフラっと出かけた際に街そのものに刺激があるとうれしい。ここでの刺激というのは、お店に並ぶちょっと珍しい商品を見てもアイデアが浮かぶといったことです。「あ、こういうモノ売ってるの?」とか、アンティークでも「これをこの値段で売るの?」とか。そういう店主のアイデアが感じられるものが好きです。そこから、これからこういうものがもしかしたら流行るんじゃないかなとかヒントがあります。

いまや多くの街で大型ショッピングセンター、コンビニ、ファミレス、ファストフードの店などが建ち並び、マス化、画一化しています。

しかし、西荻では、その店のその店主が選んだもの、その時にしか出会えない珍しいものがたくさんある。飲食店にしても、見せかけではない店主独自のこだわりがある。そのお店が好きな人同士だと価値観が共有しやすいので、そのお店を通して知らない人でも友達になったりもできますね。

大きな街や都内の大型店だと店員は街の外から来たバイトが多い。するとその街のことを知

西荻窪のマンション前でのマルシェ

らないし、売っている商品への知識も思い入れもない。ただマニュアル通りに売るだけ。言葉は丁寧だが、何を言っているかわからない店員が多くなる。だから客がキレるんです。マニュアル通りのバイトだけいる店ばっかりの街をつくるのはもういい加減にやめるべきです。

西荻には古本屋も多いですが、古本屋はセレクトショップでもあるわけです。普通の本屋だと売れ筋を中心に並べ、お店独自のセレクト感があまりない。しかし、古本屋は店主がどういう好みで本をセレクトしているのか自体が楽しめるし、こんな本が出ていたんだという感動を味わえます。

――多くの街がファスト風土化している

ということですよね。

三浦　そう、ファスト風土です。都心もファスト風土化している。街の風景、質がどんどん画一化しています。品川も五反田も武蔵小杉も同じです。

『第四の消費　つながりを生み出す社会へ』という本を二〇一二年に出版しましたが、ここでは第一の消費が「戦前」、第二の消費が「戦後～高度経済成長～オイルショック」、第三の消費が「オイルショック～バブル破綻」、第四の消費が「二〇〇五年から」と区分し、第四の消費の特徴として「つながり」と「コミュニケーション」を挙げています。

消費がシェア型になり、シェアすることによって人とのつながりが得られ、消費自体が自己充足的になっていくということです。こういう発想も西荻窪にいたから浮かんだところがあると思います。人生を変えたければ、住む街を変えろといいますが、働く街を変えると、違った価値観が見えて来ます。

――三浦さんにとっては、西荻窪に代わる街はないというわけですね。

三浦　ないですねえ（笑）。西荻で暮らしたことによって、人とのつながりがたくさんできた。人のつながりごと引っ越すことはできないので。もし引っ越したらすごく「西荻ロス」で苦しむでしょう。

――じゃあ、あえて二番目に住んでみたい街はありますか。

三浦　よく聞かれますが、もし、「もしどうしても引っ越さなきゃいけないとしたら」となると、今までは根津と答えていました。根津は、神保町や本郷で古本屋に行けるし、緑もあるし、不忍池も近いし、上野の美術館も近いし、かつ元・花街らしい官能的なところもあります。

ただし最近は大手企業のビジネスマンも多く住んでいるようで、以前よりなんとなく洒落すぎて、落ち着きがなくなっている気がします。谷中も観光地化が激しく、落ち着かない部分がありますね。

あとは阿佐ヶ谷かな。日本の古い映画が好きなので、ラピュタという映画館によく行きます。いい銭湯、古本屋、居酒屋、焼鳥屋もありますしね。どうしても引っ越せというなら、いまは阿佐ヶ谷かな。でも阿佐ヶ谷なら西荻からすぐ行けるんで（笑）。

それと京王線の下高井戸。映画館も飲み屋も古いマーケットもある。松陰神社も三茶も近い。世田谷文学館も近い。けっこう良さそうです。

愛される街は、住民がその街を愛している街

――三浦さんにとって愛される街ってどんな街と思いますか。

三浦　住民がその街を愛している街ですよ。親に愛された子どもは人に愛される子どもになるし、人を愛する人になるのと同じ。その街での仕事を愛し、店を愛し、生活を愛している。そのことが訪れた時に感じられる街だと思います。

――ところで、人口減少社会の中では街の人口を他より増やすために、都市間競争が激しくなるでしょうね。

三浦　そうですね。都市間競争の中でもあまりファスト風土化していない例として流山市があります。「母になるなら流山市」のキャッチコピーで有名ですが、流山おおたかの森の駅前をロータリーや駐車場にせず、広場にしたり、その広場で夜カフェというイベントを開いたり、古い街道沿いの街並みも観光資源として活用したり、人間の感性をよく考えた街づくりになっています。タワーマンションも建てていません。

井崎市長はランドスケープの専門家でもあるので、地域計画に深い見識があると思います。また、流山市には全国でも最初だと思いますが、マーケティング課が設置されており、子育て

世代、特に共働きの子育て世帯の住民誘致策を展開していることも注目に値しますね。

――郊外でタワーマンションを建てないというのはすごくいいことだと思いますね。

三浦　流山は世田谷、中野、杉並とかからもいっぱい若い世代が引っ越してますね。街もマーケティングで変われるという好例です。愛される街をマーケティングしてつくるっていうのは非常に大事なことですよ。

通常、行政としては住民を増やし、そして税収を増やすことを望みますので、タワーマンションをつくり、まわりにチェーン店を入居させます。

「チェーン店いらないんじゃないの」とか「もっとこういうの入れようよ」と考える人はいても、実際には家賃を上げて税収を増やしたいから高い家賃が払える大手チェーン店にしか入れないのです。西荻ですらチェーン店が増えています。

しかし今後は、人口や来街者を増やしたいなら、もっと個性的な街になるべきだし、そのために、シティ・マーケティング、シティ・マネジメントが必要です。もっと生活が楽しめる、愛せる何かがある、そういうマーケティングや商品企画の発想をもった施策が必要だと思います。

武蔵小杉も、タワーマンション街だけど、実は古い飲み屋街や中原街道沿いの街並みも少しは残っていて、それがいいという面もありますよね。

――郊外は、人口が減って高齢化がどんどん進んで、都心に若い人が集まっています。

三浦　いや、意外かもしれませんが、『東京郊外の生存競争が始まった！』（光文社新書）に書いたように、ほとんどの人は郊外に住み続けています。若い人が減少している所もあるでしょうが、子供ができると子育てのことを考え、親の近くや、住み慣れた地元近くに戻ります。今後は郊外の中でも、人気の街や駅前などに人口が集中することはあると思いますが、全員が都内に住むことはないのです。

これまでの街の作り方をスクラップアンドビルドという発想から変えないといけない。スクラップアンドビルドと愛は相反しますからね。いい街ができたのに、建物が古くなったら壊しますというのが不動産業の論理です。新しく建て替える発想からソフト面を充実させる発想に転換することが大事なのに、ディベロッパーは売上げのために、どんどん建てては壊すということをやらざるを得ない。それでは愛は育たないでしょう。

それと、ネット通販が発達しましたので、わざわざ店に足を運んで商品を手にすることが減りました。百貨店はますます減少するでしょう。定番品はみなネットに変わる。かつ、ロングテールのものもネットのほうが見つかりますしね。そうなると街並みも変わっていくでしょう

流山の古民家カフェ

ね。ネット通販会社の倉庫だけあればいいことになっちゃう。

二〇一二年に『東京は郊外から消えていく！』（光文社新書）を書いたとき、都市についてのアンケート調査を行いました。そこで、マーケッター型の仕事をしている人とコンサルティング型の仕事をしている人で、街の見方がどう違うかを比較しました。

コンサルティング型は、リスク回避、コストカットとか、あるいは勝ち馬に乗るという発想ですから、都心志向が強く、郊外はもうダメという見方でした。

しかし、マーケッターはもうちょっと面白いことをしたいなって気持ちが働くので、下町がいいとか、郊外で在宅勤務といった意見が多い。私はやっぱりそっちの考えに近い。

流山市もマーケティング課長に広告代理店にいた女性を採用しました。その成功を意識したのか、大阪の四条畷《しじょうなわて》市もマーケティング部長と、女性限定で副市長を民間から公募しました。

このように、行政にマーケティング視点を持った人をどんどん入れるべきだ。

この前、ある企業の、これからの新規事業を考える若手研修会で、もっと世界中の良い街を見て、こういうものを作りたいと市役所に入っていき、どこかの市のマーケティング部長になっていくというのがこれから求められるよと、はっぱをかけてきましたが、そう言ってたら、実際にその会社出身の女性が四条畷の副市長になったんです。こういうことが、どんどん増えてきたらいいですね。特に消費財のマーケティングをやっていた人は行政に求められると思います。

郊外を愛される街へ変えていく時代

――しかし流山も旧市街地と新市街地との差はあります。新市街地には新しく病院も学校もできてどんどん発展しています。一方旧市街地は再開発が難しい側面もあったりと。そういう意味でも郊外の街づくりって、いいとこどりだけするのは難しいのではないかという印象はあります。

三浦　それこそまさにマーケティングですね。流山も古い街道沿いを観光資源として長期的に活用しようとしています。古い街を壊さずに、むしろ歴史や〝路地裏文化〟を楽しむようにしていけば、地元以外の人も来ると思います。

――今後〝愛される街〟はどんどん減っていくんですかね。

三浦　いいえ。これから郊外では〝街を愛される街にする〟という動きがどんどん増えてくると思います。所沢でも東所沢あたりでは祭りが復活しています。八王子は芸者さんを中心に頑張っています。

伝統を生かした街を作ることでシビックプライドが醸成されてきます。シビックプライドというのは〝街を愛すること〟です。短期間で大規模に作られた郊外の住宅地でこそ今後シビックプライドが重視されると思いますね。浅草では当たり前ですがね。吉祥寺だって若者の街として認識されたのは一九七〇年代ですから、郊外住宅地になってから五十年後のことですよ。阿波踊りも高円寺だけだったのが今はそこらじゅうでやっています。八王子祭りを見に行ったら凄い人出でした。今の若い人は、浴衣を着ていく場所を求めていますね。八王子は吉祥寺より遥かに若い人が多いですよ。吉祥寺は若者の街だと言われたけど、それは昔のことで、昔の〝若者〟はもう六、七〇歳になっていますからね。

シティ・マーケティングはこれから絶対必要です。いつまでも地方活性を〝ゆるキャラ〟に頼るわけにはいかないでしょ（笑）。

皆が参加できる地域の行事や、子連れでも足腰が悪くても気にせずに通えるお店、気楽に色んな世代と仲良くなれる場所など、皆とつながりを感じられる街が求められていると思います。

（聞き手＝日本マーケティング協会）

2章　官能から考える街

対談＝島原万丈（LIFULL HOME'S総研所長）

二つの「ムサコ」は、再開発で同じような街に

島原　少し前に、「ムサコ問題」というものがありました。ネットの掲示板上で、〝ムサコ〟と呼ばれる街は、東急目黒線の武蔵小山のことなのか、東急東横線の武蔵小杉のことなのか、という議論がされていたんです。ムサコ＝武蔵小山派の人は、「こっちは歴史が古くて、非常に楽しくて元気な商店街もある。最近できたタワーマンション街と一緒にしてくれるな」というプライドを持っています。一方で、武蔵小杉派の人は、あんなゴチャゴチャした街よりも、こっちのほうがずっと現代的でおしゃれな街だ」と主張する（笑）。

でも、武蔵小山の駅前にあった「暗黒街」の愛称を持つ飲食店街が、二〇一五年あたりから

始まった再開発で消えてしまった。跡地には、すでに１４０メートル級のタワーマンションが二本建つ。

その結果、ぱっと見たときの武蔵小山駅前の風景が、ほとんど武蔵小杉と同じようになってしまう。ただ、これが街としての武蔵小山にとってよかったのかは、大いに議論されるべきだろうなと思います。

三浦　住みたい街ランキングだと武蔵小杉は今非常に人気がありますよね。もともとは工場の跡地だけれど、本当に一気に、一種の山の手的な街になっちゃった。南武線沿いの街が、東横線沿いの街へと見事に変わってしまった。

僕がやった「住みたい街調査」の結果でも、一人暮らしの20代は男女ともに16％が武蔵小杉に住みたいと回答していました（『あなたにいちばん似合う街』ＰＨＰ研究所、『東京郊外の生存競争が始まった！』光文社新書、参照）。

特に年収三百万～四百万円台の女性とか、六百万円台の男性とか、ちょっと上の階層の人から支持されている。今の若い人たちは武蔵小杉がかつて工場跡だったなんて知らないから、先入観なく「おしゃれな街」として住みたいと思うんでしょうね。

こうして武蔵小杉の人気が上がって、人口自然増によって川崎市の人口増加を牽引した。こ

かつての東急目黒線、武蔵小山駅前

の実績があると、やっぱり自治体の首長は、タワーマンションをぼこぼこ建てれば、若くて担税力のある人が集まるから、やめられないでしょうね。

島原　多分同じようなことが言えるのは、横浜みなとみらいなんですよ。三浦さんの本では、住みたい街ランキングの総合一位が横浜みなとみらいでした。特に女性には年代を問わずに人気があって、ここまでかというのに僕は驚いた。みなとみらいも、武蔵小杉と似た「アトム的な街*」。タワーマンションが沢山あって、非常に区画が大きく、車道が広い。

ただ、どこかに行こうとしても、まちづくりの計画通りの道を通らないと、ものすごく歩きにくいですよね。そこに行くだけなのに歩道橋を渡るんですか、というところもあって。

三浦　街の魅力って、近代的で、かっこいいマンションが建っているとかだけではなく、外を歩いていて気持ちがいいとか、「スペック」で測れない感覚的な部分もありますからね。

従来の都市ランキングへの違和感

島原　まさにそこに、今回（二〇一五年）僕とHOME'S《ホームズ》総研が「センシュアス・シティ Sensuous city（官能都市）ランキング」を発表したきっかけがあります

「官能」というと、「官能小説」のようなエロティックなイメージで誤解されることもあるのですが、本来は、五感に訴えるとか、感覚的な、といった意味の言葉です。これを言葉に表して、指標として街を評価したのが、このランキングです。

世の中には、街の評価をするランキングがいくつもあります。代表格は、不動産情報サービスのSUUMO《スーモ》がやっている「住みたい街ランキング」。私のいる株式会社LIFULLもやっているし、東洋経済も「住みよさランキング」を出していますね。

ただ、これがどのような指標に基づいて算出されているのかというと、案外インフラというか、ハードウエアの充実度が多くのウエートを占めていることが多い。たとえば、「東洋経済」の「住みよさランキング」なら、人口当たりの病院数が多いほど安心だ、人口当たりの小売店面積が広ければ利便度が高い、といった具合です。

実際に自分が「この街、いいな」と実感して、住んだり遊んだりしている街が、こうしたランキングでなかなか上位に来ないんですね。

＊漫画『鉄腕アトム』などのＳＦに出てくるような、高層ビル群や高速道路などが走る近代的・未来的な都市のこと。三浦が『新東京風景論』（ＮＨＫブックス）で「アトム的」「ジブリ的」「パンク的」という都市の類型化の中で主張した。

だったら、雑多な横丁などで感じるような感覚的な居心地の良さを都市の魅力として議論の俎上に載せる理屈をつくるために、何かしら数字に表す必要があるだろうと。

そこで、(1)人と人との関係が心地いいか（関係性の四指標）、そして(2)体が喜ぶか（身体性の四指標）、という二つの指標と、そこから分化した計三十二の指標を据えた、都市評価のランキングをつくるに至りました。

建築家ヤン・ゲールの『人間の街』（鹿島出版会）という本の中では、都市の評価をする上で人のアクティビティを重視していた。そこで、僕たちも、都市の魅力を「動詞」で測ってみたらいけるんじゃないかと。そうして作った都市ランキングを二〇一五年の九月に発表して、ありがたいことに発表直後から想像以上の反響をいただいています。

街を官能検査する

三浦　こういう対談だからおべっかを言っているわけではなくて、私は今本当に、島原さんへの嫉妬で狂っています（笑）。なぜ自分がこういう調査をやらなかったんだろうと。広い意味での五感の行動から街の魅力を統計的に分析したのがこの調査のすばらしさです。

僕も、従来の都市ランキングには違和感があった。たとえば、吉祥寺の隣に西荻窪という街があって、ここに住んでいる人たちは本当に西荻が大好き。たまに来る人も、「この街いいな。どうしてこんなにいいんだ」と言う。でも、その理由って、よくわからない。特に気の利いた建物もないし、駅前は結構汚いし、駅前にはセンスの悪いパチンコ屋が建ってるし。ハードウエアを指標として評価すると、全然よさがわからないですよね。スターバックスもないし。だとしたら、西荻がちゃんとベストテンにランキングされるような指標があるはずだと。

だから、僕の場合は、性別や学歴、年収といった属性で都市ランキングをつくった。そうやって分析してみると、西荻窪の場合、30代一人暮らし女性が住みたい街で吉祥寺と同率一位。しかも、西荻窪に住みたい女性のうち、64%が四年制大学卒業という高い結果が出る。街の個性がわかるんです。

島原　三浦さんの作った属性を見てみると、「男性のうちアニメをよく見ると回答した人が住みたい街」とか、「中古持ち家に転居したい人が住みたい街」など、これは都市のランキングをしているだけではなくて、要するに価値観分析ですよね。

三浦　ええ、マーケティングです。自動車やチョコレートを作る会社なら毎日やっていることですが、それを今まで、街でやってなかったんですね。街のマーケティングといえば、たとえば駅前にファッションビルを出店するときのマーケティングであったり、人がいっぱい歩いているところをＧＩＳ（地理情報システム）で調べて、チェーン飲食店を出すというような、出店戦略のためのものしかなくて。いろんな街が、どんなポジショニングをされているかという調査って実はなかった。

島原　「官能」という概念も、マーケティングで使われる概念で、たとえば製品開発の段階では、必ず官能検査というものがあります。のどごしがいいとか、しみこむ感じがあるとか、非常に感覚的な評価をテスターがやっています。感性というのがすごく重視されている。

建築の分野でも、建材にはそういう評価があるみたいですね。肌触りだとか。でも、建った建物とか、ましてや街の官能検査というものは、まるでされてない。すべて工学的な問題で片づけられてしまいます。

品川駅のコンコースには、エロスがない

三浦　マーケティングなしに物をつくると、スペックで評価することになる。だから、たとえ

ば安くて壊れない車だけど、どうも官能的ではないということがある。ビルも、耐震性、耐火性といった性能重視でつくられるから、住んで便利だけど、どこか官能的ではない。むしろ、古くて雑多なビルのある街のほうが官能的というパラドックスを生んでしまう。

島原　スペック重視ということで言うと、三浦さんは以前ご著書（『新東京風景論』）で、品川の港南口に向かうコンコースに、エロスがないという書き方をされていましたね。「官能都市」という発想も、そこから得た部分があるんですが。

あそこは、おそらく面積当たり、人をどれだけ流すかという観点で、最高に効率的につくられている。

三浦　排水溝みたいなんだ（笑）。

島原　排水か土砂。ほんとにドーッと、朝はこっちからで、夕方はあっちから、人が大量に流れてくる。そういうふうな計画って、まさに道路の考え方だと思うんですけれども。交通の効率みたいな。それってやっぱり、二十世紀の最初の工業的な発想だと思うんですよね。

三浦　まさに、建築家のル・コルビュジエが、まっすぐな道が人間の道、曲がった道はロバの道と言ったようにですね。彼は著書『ユルバニスム』で、ロバの道のほうが官能的だと書いているんだけど。やっぱり近代建築のスローガンとして、まっすぐな広い道をアピールしている

品川駅では人がひたすら目的地に向かって歩くしかない

んです。それをいちばん真に受けたのがアメリカと日本（笑）。だから、こういう都市になってしまったんでしょうね。

「タワマン街」は将来どうなる？

島原　武蔵小杉的な街は、二十年、三十年経ったときにどうなっていくのでしょうね。武蔵小杉やみなとみらいのような、近代的なタワーマンション街の特徴として、住民の属性、すなわち所得階層や職業、価値観などの同質性が高いという点が挙げられます。

武蔵小杉の場合は立地がいいですから、活発に物件が売りに出される、貸しに出されるということが起こるのならば、人口の新陳代謝があるのでいいのですけれども。

ただ、もしも終の住処として、武蔵小杉やみなとみらい、湾岸のタワーマンションなんかを買っているとすれば、住民は一斉に高齢化していきますから、相当まずい状態になっていく。今の郊外のニュータウンみたいなものが、縦に積み上がったものになる。

こうした街が、将来も中古流通として人気の街であり続けるかどうかというのは、極めて慎重に考えないといけないいんじゃないかと思いますね。

タワーマンションといっても一概には言えませんが、大まかに言えば、一次所得者（初めて住宅を購入する世帯のこと）がメインターゲットで、六千〜八千万円くらいのマンションのローンが組める、30〜40代のサラリーマン世帯が、一時期にどっと入居する。

こうしたマンションの足元につくられる商業施設には、大きな資本を持っている、有名な会社のお店しか入れないでしょうね。かつて武蔵小山駅前の飲食店街にあったような個人経営の立ち飲み屋なんて、まず入れない。結果、若いファミリーの小金持ち向けのお店が、ずらっと入ることになる。この住民が一気に高齢化したら、高齢者向けの施設に変わるんですかね。

一方、今回発表した「官能都市ランキング」で上位に入ってくる街の特徴は、住民の属性に多様性があるというのが一つのキーワードなんです。まず、住んでいる人は、家族もいれば、一人暮らしの女性もいて、外国人も多い。こうした人たちが混ざり合って楽しく暮らしていそうだということが見えてきます。

三浦　官能都市ランキングの一位が東京・文京区というのは、一見意外ですよね。でも、「官能都市」の指標を見てみると、言われてみればそうだなと。湯島天神があるし、こぢんまりとしたおすし屋さんや粋なバーもあって。

ちょっと歩けば台東区に入って、不忍池もあれば、動物園や美術館もある。食事の買い物はアメ横に行くとか。歩いていろいろなことができる。

歩きやすい街と、歩いて楽しい街は違う

島原　おっしゃるとおりで、文京区の場合、ランキングを出すうえでの八つの指標の中だと、「共同体に帰属している」と「歩ける」のカテゴリー偏差値が高いのが特徴なんです。

特に「歩ける」という指標で一位なのは興味深い。というのも、文京区は、東京23区の中でいちばん坂が多い街。階段もたくさんありますよね。

そういう街が、「歩ける」街と評価されているというのは、近代的な都市計画が想定する「快適な歩行者空間」に対して、ものすごく重要なアンチテーゼを示しているように思います。

三浦　歩きにくい場所もあるけど、歩いて楽しいということですよね。ちなみに、私の調査によれば、住みたい街別に街歩き系のサークルに属している割合を出すと、一位が人形町で、二位が谷根千（台東区・谷中、文京区・根津、千駄木）なんですね。実際にも、歩いて楽しい街に住みたい人がこの辺りに集まってきているということはあるでしょう。

そういう意味では、住みたい街ランキングでいつも名前が挙がる吉祥寺も、歩いて楽しい街。

文京区を散歩すれば、古くて味わいのある建物に出会うことができる

自然もあって、池もあって、ハモニカ横丁をはじめとした闇市から発展した飲み屋街もあって、買い物にも事欠かない。そして、やっぱりバリアフリーではないね。

島原　むしろ、吉祥寺ほど、車で行動しようとするとストレスがたまる街はないですよね。どこに行っても渋滞していて、中に入れない。あそこに住むとしたら、やっぱり自転車か歩きですよね。

誰にでも開かれているバリアフリーはそれなりに必要なもので、ショッピングモールはこれを重視した造りになっている。ただ、誰もが歩きやすいからといって、人が歩きたくなる街になるかというと、ちょっと違うと思うんですよ。

三浦　本当に歩けなくなったらやっぱり不便なんだと思うけれど、だからといって文京区の高齢者が不幸を味わっているわけではなくて、その逆なんだね。なんとかいつまでも歩いていたい人にとっては、歩きたくなる街こそが大事だ。

島原　たとえば南イタリアの街なんかも、とても階段や坂が多くて、おばあちゃんたちが文句を言いながら歩いています。でも、彼女たちが街にネガティブな印象ばかり持っているかというと、違うでしょうね。

三浦　今、バリアフリーじゃなくて〝バリアアリー〟のほうが脳の活性化につながっていいいんだという説があって、一部のデイサービス施設には取り入れられている。

やっぱり都市計画でも、いざとなったらバリアフリーだけど、日頃は歩いて楽しい不便さがあるバリアアリーというのがいいかもしれないね。

いわゆる木造密集地域も、全部更地にして高層ビルを建てるのではなくて、耐火性、防災性を高めつつ、味がある部分を残した街として再生することができると思う。今の30代以下の建築家や都市計画の立案者はこういうことを考えていると思うんだけど、なかなか実現するチャンスが巡ってこないね。

島原　そうそう、官能都市ランキングを出したあと、タワマン街をバンバンつくっているような大手のデベロッパーや、設計事務所の方が高い評価をしてくれたのがちょっと意外でした。

つまり彼らは、学生時代に建築を学び、都市計画を学び、自分なりの都市の面白さ、建物の面白さをよくわかってはいると思うんですけれども、いざ仕事をしようとすると、同じような建物しか建てられない。

三浦　そうなんですよね。住宅とか建築の業界って、マーケティングが遅れているから、工夫する段階が来るのはこれから。

オリンピックまでは、イケイケドンドンでいろいろつくるんだろうけど、それが終わって、ふと気づくと、郊外が空っぽになってくると、もう一度郊外に開発資金を回そうという動きになるんじゃないかと思います。

そこで、「じゃあ、郊外にどんどん高層ビルをつくればいいじゃないか」という話にはならないと信じている。そこで初めて、官能的な住宅地がつくられていくのではないかな。

「私はここに住んでいる」という実感

島原　文京区の評価で「歩ける」のほかにもう一つ評価が高かったのが、「共同体に帰属している」という指標。四つの項目のうち一つは、神社やお寺にお参りをしたとか、近所の飲み屋で、店主や常連客と盛り上がったとか、それから買い物で雑談したとか、そんな指標が入っています。

文京区は、お寺が非常に多いし、祠《ほこら》みたいなものが坂の上にポッと置いてあったりします。お寺にしても、日常的に通行路として使いながら、ふと手を合わせたりしている。京都の観光地のように入場料を払って入る、というものではなくて、生活に密着した存在として、文京区のお寺、神社が使われている。

買い物をするにしても、商店街で「おばさん、コロッケ」なんて言えてしまうし、飲み屋も、店主や客との距離が近い、カウンターだけの小さなお店が多い。こうした点が、この調査でいうところの共同体があるということですね。自分は本郷の人間だ、湯島の人間だといったふうに、〝ここに住んでいる〟という意識が芽生える。つまり、自分の中のアイデンティティの一つに、自分が住んでる街があるということです。

ぼくは昔、賃貸住宅の選び方に関する調査をしたことがありますが、ほとんどの日本人はそこに住んでいることが自分のアイデンティティになっていない。住む街を選ぶ基準は、職場や学校に通ううえでの利便性と家賃。加えて築年数。

つまり、「この街がいいからここに住んでいる」というよりは、「この街が便利」「この沿線が便利だが、この駅はちょっと高いから、もう少し安いところに行きましょう。このへんだったら私でも借りられる」という借り方がすごく多いんですよね。

三浦　それは住宅情報の提供の仕方にも問題がありますね。今の若者はもう、ファッションや腕時計、車で自分を表現しない。でも、住む街で表現をし始めているような気がする。つまり、まだまだスペックで選んでいる人が大半だけれども、やっぱりちょっと変わってきてるんじゃないかな。

街で自分を表現する。自分の価値観で、街を選ぶ。つまり、「なりたい自分になれる街を選びたい」という風になっていくと思います。

島原万丈（しまはら・まんじょう）
LIFULL《ライフル》 HOME'S《ホームズ》総研所長。一九八九年リクルート入社、リクルートリサーチ出向配属。以降、クライアント企業のマーケティングリサーチおよびマーケティング戦略のプランニングに携わる。二〇〇四年に結婚情報誌「ゼクシィ」シリーズのマーケティング担当を経て、二〇〇五年よりリクルート住宅総研。二〇一三年より現職。二〇一五年の調査『センシュアス・シティ〔官能都市〕』が大きな話題となり、全国で数百回の講演をいまも続けている。著書に『本当に住んで幸せな街―全国「官能都市」ランキング―』（光文社新書）がある。

3章　銀座の未来

(1) 私と銀座

景観シンポジウムでの講演

私の最初の銀座体験というと、高校生か学生時代に数寄屋橋センターやソニービルにあった中古レコード屋のハンターに何度か来たくらいです。銀座の老舗で買い物をしたこともない。古い喫茶店くらいは入りますし、銀座で居酒屋に行く前に金春湯《こんぱるゆ》に入る、なんてことをしますが、結局私は中央線的なライフスタイルをそのまま銀座に持ち込んでいるだけのようです。ですので今日は、私としては人生史上初めて銀座というテーマについて語ることになります。

今日、私はアウトサイダーですので最初に少し自己紹介をします。先ほどご紹介いただいたように、私はパルコの渋谷が全盛期に若い頃を過ごしました。一九八七年に『「東京」の侵略首都改造計画は何を生むのか』（ＰＡＲＣＯ出版）という本を書いて以来、ずっと東京の郊外の研究をしてきました。『東京の侵略』を出したときに本日のモデレーターの陣内秀信先生と知り合って以来、これまでさまざまなお付き合いをさせていただいています。

それから二〇〇〇年代は、郊外研究の流れで、ロードサイドの大型ショッピングモールの増加と中心市街地の衰退について問題視して、『ファスト風土化する日本　郊外化とその病理』（新書y）という本を書きまして、今日もいらっしゃっている蓑原敬《みのはらけい》先生の本を引用し、もっとこういうことを言う都市計画家が増えてほしいと書きました。

私が銀座で行くのはバー・ルパンくらい

ファスト風土でもない街をもっと調べようということで、高円寺を研究したり、陣内さんと中央線の古層を探ったり、横丁だ、下町だというところも訪ね歩いたりしてきました。

本来は消費を考えるのが仕事ですが、中国で今、私の『第四の消費　つながりを生み出す社会へ』（朝日新書）の翻訳が売れています。その前には「シェア」について提言をしました。実は二〇〇二年からシェアについては考えていました。そのときに隈研吾さんと座談会をしています。

私は地方出身者ですし、大学は三多摩でしたから、銀座なんてところはほとんど縁がなかったです。パルコは日本の中心は渋谷だと思っていましたし、その頃は銀座は少し衰退気味でしたので、銀座が私の人生において重要な地位を占めたことはありません。

銀ブラできるのが銀座

銀座と言えば思い浮かぶのは銀ブラです。銀ブラという言葉がどうしてできたかについては諸説あるようですが、私の知る限り平岡権八郎《ごんぱちろう》という新橋の有名料理店・花月楼の経営者からできた言葉です。義理のお父さんが都をどりをつくった平岡廣高《ひろたか》という人で、京急沿線に花月園をつくった人。その奥さんがたいへん美人なのですが、今で言う読者モデルで、凄い人気だったらしいです。その養子が権八郎で洋画家でもあった。先生は黒田清輝で、岸田劉生とも付き合いがありました。また小山内《おさない》薫、山田耕筰、市川猿之助とも付き合いがあって、永井荷風

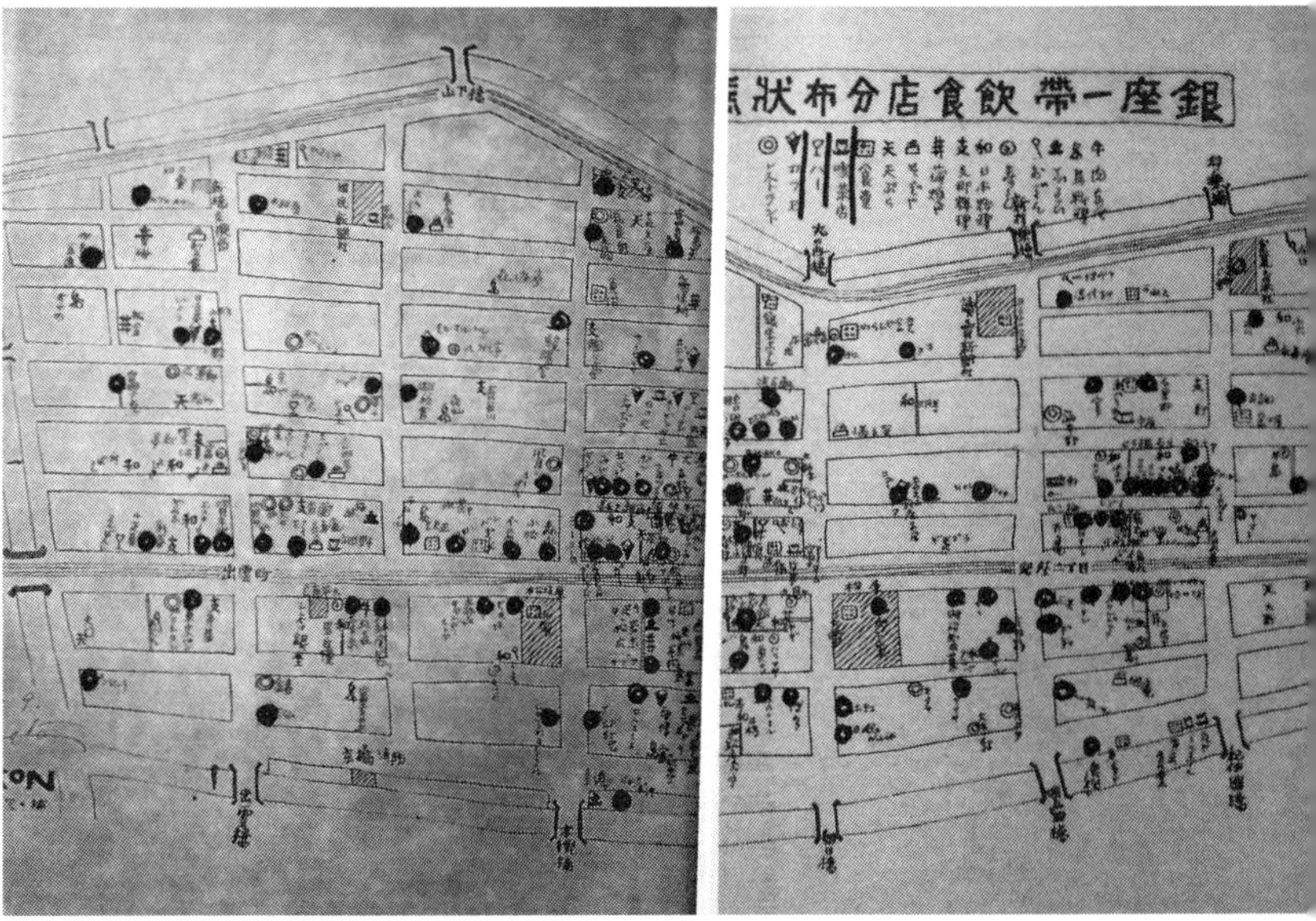

① 今和次郎の銀座地図

とは清元《きよもと》仲間で、新橋演舞場の取締役。帝国劇場の舞台装置も手がけた。それで仲間同士が集まる場所としてカフェプランタンを開業した。いつも彼は仲間とぶらぶらしていたので「銀ブラ」という言葉が生まれたそうです。

ということで、何が言いたいかというと、これを読むと銀ブラはウインドウショッピングをしたり、高級品を買って歩いたりしていたのではなく、カフェや料亭や芸者さんとかの世界をぶらぶらしていた。今で言うコト消費をしていたということですね。

図版①は今《こん》和次郎がつくった地図のカフェとバーと喫茶店にサインペンで赤丸をつけたものです。凄い数です。現在よりずっと多いのではないでしょうか。いかにぶらぶらしてしゃべって、「そいつは面白いな。今度そういう仕事をしようじゃないか」とか、「今度あそこにあんな店をつくろうじゃないか」という話をしていたのではないかと思わせる。永井荷風も小山内薫も、こういうところをぶらぶら歩いていたことが感じられますよね。

中国も次の消費を考えている

先ほど申しましたように私の『第四の消費』という本が中国で売れていますが、中国は経済成長が少し落ちています。成功した人はみんなブランド品を買いました。次は何ですかと、次の消費が気になっています。

また、みんなインターネットで買い物をするので小売店は売れません。だから、小売店はこれからどうするのかという問題意識があるので、次の消費は何なのかということで私に相談に来るわけです。だからもう五年後には日本中の消費を中国企業が支配しているかもしれません。そういう大きな革命があるかもしれないということです。

そもそも第四の消費とはいったい何か。第一の消費は、まさに資生堂さんに象徴されるような、銀座が発達した時代です。丸ビルに勤めるお父さん、田園調布に住む家族、そして玉川沿いの遊園地に家族で遊びに行く、百貨店で買い物をするというライフスタイルができたわけです。ちなみに、丸ビルができたのも、資生堂チェーンストアができたのも、田園調布ができたのも、フランク・ロイド・ライトの帝国ホテルができたのも一九二三年です。

第二の消費社会は、それが一気に大衆社会化して、いわゆる高度成長で一億総中流になった時代です。業界で言えばスーパーマーケットなどが郊外でどんどん発展していき、そのため渋谷、新宿、池袋といった西側ターミナルが発達した時代に対応しているかと思います。

第三の消費社会は量を売る時代が終わり、質の時代になっていきます。そうすると、一個当たりが高いものを売らなければいけなくなるので、ブランドやデザインなど付加価値を高める消費が大事になった時代です。こういう時代の象徴が渋谷だったろうと思います。

神保町の昭和喫茶に行列ができる

しかし、それも日本人は飽きてきて、第四の消費に入ったのが二〇〇〇年代に入ってからだろうと思います。モノの豊かさよりも人間的なつながりが大事とか、買わなくてもシェアやレンタルでいいじゃないかとか、高齢社会になっていくからケアが大事だとか、高級品を買うよりもシンプル、ナチュラルがいいとか、欧米志向がなくなって日本志向のほうがいいとか、都会志向よりも地方が面白いとか、そんな時代になってきます。新しいものがどんどんできる街もいいけれども、古いものが残っている街のほうが魅力だと、そんな人たちが団塊ジュニア以降の若い世代で増えてきていると思います。

二、三週間前の土曜日に神保町の古本屋に行き、裏通りにあるおなじみの喫茶店「さぼうる」に入ろうと思ったら大行列で入れません。若い女性が行列をしています。今昭和喫茶ブームなので、新宿の「らんぶる」も数年前は僕しかいなかったのですが（笑）、今満員で入れません。そういう時代になっています。

私の住んでいる西荻窪では、最近古い喫茶店のおじいちゃんが仕事を辞めました。昔だったら建て替えて白いビルができるのですが、今は古い喫茶店が大好きな人が多いので事業継承する会社ができています。

上海も万博までバンバン建てましたが、今行くとショッピングモールに人はあまりいません。むしろ横丁が人気です（5章参照）。観光客も外国人も若い人も、横丁にはたくさんいました。東京で言うと、月島のような地域が変貌した例です。

神保町の昭和喫茶に若者が行列する時代

①大型商業施設が林立する風景

小売業がなくなる

第五の消費社会は何かと、中国人に必ず聞かれますが、それはまだ私もわからない。しかしおそらく第五の消費社会では第四の消費社会の生活がさらに完成すると思います。モノはもう店で買わない時代になります。「小売業は消滅します」とユニクロの柳井さんが言っています。情報産業とサービス産業だけになるそうです。

では、街には何があるのか、商店街はどうするのか。マッサージ屋さんやスナックとか、人と人が直に対面してサービスをするもの。それしか必要がなくなってくるのではないか。それから、ファスト風土化ということを先ほど言いましたが、近年都心のファスト風土化が起きている。

写真①は秋田県横手市あたりの写真です。かまくらで有名

②アメリカのショッピングモール

な横手でも今は大型商業施設が林立している。こういう風景が二〇〇〇年代に日本中に増えました。日本中同じ風景になったのです。

写真②はアメリカです。ご存じのようにアメリカでは、もうショッピングモールがつぶれています。私が行った十数年前には、ウォルマートが出てきて既存のモールがつぶれていましたが、今はもちろんネットのおかげでウォルマートすらつぶれるわけです。

ファスト風土化する都心

フランスもファスト風土化しています。文化地理学者のオギュスタン・ベルクさんに呼ばれ、二〇〇四年にフランスの大学で講義をしました。なぜ私が呼ばれたのか分からなかったのですが、行ってみたら郊外化が問題でした。移民の問題

パリのファスト風土

があることも知りました。フランスも郊外に行くと、日本と同じようなファスト風土が広がっていました。こういうファスト風土化の資本が都心にどんどん押し寄せてきていると思います。

再開発された街が郊外でも、地方でも、都心でも、同じようになってしまったので、つまらなくなった若い女性は昭和の「さぼうる」に行ってしまうのです。横丁でホルモンを食べるのです。そういう古い店をつぶそうとする地上げ屋さんが、渋谷の「のんべい横丁」の焼鳥屋さんに「早く土地を売れ」と、電話をかけて脅してきた時代があったそうです。しかし、その焼鳥屋の社長が偉かった。「あなた、この電話が終わった後、仕事を終わって横丁で飲みたい？ 飲みたくない？」と言ったら「飲みたいなあ」と言ったそうです。そのおかげかどうか、渋谷があれだけ再開発をされていますが、渋谷のんべい横丁が残ることになりました。

③高円寺

④アメリカの新しい住宅地には屋台もある

写真③は高円寺です。まさに人間が最も楽しそうにしている街だと、私は思います。店の外に、街に、ストリートにどんどん人がはみ出してお酒を飲んでいる。でも、本当ははみ出してはいけないのですね、道路の上だから。

写真④はアメリカのフロリダのニューアーバニズムの住宅地ですが、ちゃんと焼鳥屋の屋台がある。こういうものが銀座にありますか？　若い女性が行列をする場所があるでしょうか？ということを問いたいわけです。

パブリックとは何か

消費、特にモノを買う消費というものに、日本人はこれから五年後、十年後にはますます興味を失っていくと思います。中国人ですらそうです。

爆買いが終わってコト消費の時代に入り、日本中の地方に観光に行くのです。第四の消費社会の中で重要になるのが、ソーシャル、パブリック、人とのつながりです。言うまでもないと思いますが、従来パブリックとプライベートというと、日本の場合は特にパブリックは役所のように大きくて正しいというイメージがあり、プライベートは勝手に何をするか分からないものだ、そういう考え方があったわけです。

消費に当てはめても、大きな店をつくり、消費者をどんどん呼び集めればいいのだ、そういう時代がつい最近まであったわけです。

ところが今若い人は、パブリックは役所でなく、私とあなたが付き合い、そこに何か場が生まれる、それがパブリックではないのかと気がつき始めています。個人個人がプランタンでコーヒーを飲む、カフェでお酒を飲む。そこから何か楽しい時間が生まれ、新しいビジネスのアイデアが生まれる。そういうことこそがパブリックではないかと気づき始めたのです。

それに対し今日今まで議論があった銀座のパブリックというのは、私から見ると行儀がよすぎる、そして人々が未だただの消費者である気がします。ちゃんと消費をしてくれて、行儀がいいパブリック（公衆）が集まる公園がつくられていく。でも、もっとぶらぶら、だらだらして、あいつ何やっているのだろうね、という人がいたほうが、都市らしいのではないでしょうか。

⑤外で飲むことを禁止されても客は外で飲みたい（高円寺）

それから銀座には大きな美術館がないのですね。この前このシンポジウムのために打ち合わせをした後、私は六本木に行き、DESIGN SIGHTで民藝展を見ました。やはり六本木は森美術館も頑張っていらっしゃるし、渋谷は東急Bunkamuraも頑張っているし、清澄白河は現代美術館があり、両国は江戸博も最近面白い展示をするので、私も展示を見た後は下町で酒を飲んで帰ってくるというふうになっています。

これに比べると、僕は銀座であまり過ごさないですね。時間消費、コト消費をする場所が少ないです。さて銀座さん、大丈夫ですかね、という気がします。

自由な個人の居る街

写真⑤はまた先ほどの高円寺の汚い飲み屋ですね。銀座にあったら排斥されそうな飲み屋ですが、気軽に誰でも集まれるたいへんいい場所で、私も週に一回はこの辺で飲んでいます。

ところがここが行政からにらまれ、行政が嫌がらせをしたのですね。飲んでいるところに柵を立て、外に出られないようにしました。

しかしこれで終わらないのが高円寺です。お客はそれでも外に出て酒を飲むし、お店も柵に板を載せてしまいました！（笑）。これこそがパブリック、これこそが市民の力、これこそがぶらぶらする人間の自由な発想です！

杉並、西荻あたりはこういう自由な発想をする、行動力のある個人が多く、古い家を買い取ってカフェ、ギャラリー、色々なカルチャースクールをやる若い夫婦がいたり、そこに八百屋さんが来てみたり、あるいは自分の家を改造して、老若男女が集まって自分で料理をつくり、みんなで食べようという場所をつくる人がいたりする。

写真⑥は若い建築家が横浜につくった、リノベーションしたコミュニティプレイスです。やはり毎週のように住民たちがスナックやバーを開いたり、コンサートを開いたりしています。私もここでＤＪをやったら史上最大の集客をしまして、床が抜けるかと心配されました。

多摩ニュータウンでも若い建築家が、空き店舗に建築事務所をつくり、そこに住んで、スナ

⑥横浜の住宅地にできたコミュニティスペース casaco
（写真提供：tomito architecture）

ックにして人集めをしたら大にぎわいでした。

あるいは玉川学園という上品な、それこそ銀座で買い物をしそうな人たちがたくさん住んでいる住宅地でも、三人子どもをもちながら屋台を出してスナックを始めるお母さんが出現しました。これは面白いということで、私は彼女をたきつけて、おでん屋を開いたところ、何と住民が百人集まりました。

つい最近も本格的な銀座風スナックを開店しました。陣内秀信先生もお誘いしたのですが、寒いさなか舟に乗って川下りをするという酔狂な趣味をお持ちで、当日は残念ながらいらっしゃれなかったのですが、もし来ていただければ、この三人の美女がお相手をしたのです（笑）。三時間いて３５００円。銀座の100分の1の値段で、私としては十分満足のいく時間を過ごすことができました。

このように、市民自身が単なる消費者であることを超えて、自分たちで人と出会う場所、パブリックな場所をつくっていく時代になっている。そういう時代に都市は、銀座は何をするのか、そういうことが問われていると思います。

(2) 銀座に未来はあるか？

聞き手＝竹沢えり子（銀座街づくり会議・銀座デザイン協議会事務局長）

――三浦さんは、第一の消費社会から第四の消費社会、とこれまでの消費社会を分析されてこられました。そして今後は「消費社会の終わり（小売業消滅　対人サービス業へ）」「消費より生産、生活、仕事でつながる豊かさへ」「シェア、ケアがますます重要」「モノより場所」と予測しておられます。

銀座というのは第一・第二の消費社会の夢によって繁栄してきました。第一の消費社会の最初である一九一一年にカフェー・プランタンとライオン、パウリスタができています。永井荷風が変わりゆく銀座が嫌になって離れたのも、銀座が最も栄えていた昭和初期です。

第二の消費社会の頃は、高度経済成長の波に乗って、「銀座」と名がつけばなんでも売れたという時代です。全国に○○銀座商店街ができ、銀座の店自体も全国展開していきました。

第三の消費社会では、それまでは銀座が何もかも断トツで一番だったのが、渋谷や新宿、池袋が出てきて「銀座斜陽論」のようなものが出てきました。銀座は今でこそ「大人の街」といわれているけれど、そのイメージが前面に出てきたのはこのとき以降だと思います。


三浦　そもそも明治維新後、薩長新政権に対する江戸町民の反発は大きく、銀座に新聞社が多く集まったのは政府を批判するためだったり、あるいは十字屋（楽器店）のようにキリスト教を志向する動きがあったそうですね。そういう町衆の反骨精神というものが銀座をつくったところはあると思う。

銀座が栄えた第一の消費社会である大正から昭和初期は、「浅草はもうダサい、これからは銀座だ」となったんだと思うけど、そういう対抗意識や反骨精神を失ったら街は停滞するんじゃないですかね。

第三の消費社会は渋谷の時代でしたが、銀座へのアンチ意識があった。一九八〇年代には団塊世代はまだ30代ですから、銀座はもっとおじさんの街だったんです、昭和ヒトケタ世代以上の。

街に出かける意味は何か

第四の消費社会は、郊外の大衆消費文化が都心を侵食し、都心のファスト風土化が進んだ時代です。銀座にマッキヨができたのは二〇〇三〜〇四年です。その時代はまたモノをネットで買う時代になった。そのとき街は何をするのか。特に銀座の存在理由が問われる。街に出かける理由は何か、という提案をしないといけない。

第四の消費時代の価値観の変化とは、物の豊かさから心の豊かさへ、私有志向からシェア志向へ、高級志向からシンプル・ナチュラル志向へ、欧米・都会志向から日本・地方志向へ、というものです。そこにネットが絡んで人と会うことがモノを買うことより重要になった。その一つの象徴が（好き嫌いは別として）ハロウィン騒ぎでしょう。やっぱり街にはみんなで集まって騒ぐ場は要るというわけです。

武道館でもどこでもライブは盛んで、若い人がおじいちゃん世代と一緒にポール・マッカートニーを観に行ったりする。商店街は物販店がつぶれて飲食とマッサージだらけになるし、スナックも若い女性客で溢れる時代になった。ジャズトリオを呼んだりシャンソンコンサートや落語会なども盛んです。人間の居る場所、集まる場所の意味が重要になっている。

GINZA SIX の夜景は美しいが

ところが第五の消費社会になると（第五の消費社会についてはまだ私としてもかなり仮説ですが）ますます物販店はなくなり、飲食もマッサージもネットで好きな場所に注文する時代になるだろう。ユニクロの柳井さんは、小売業は消えて、情報産業とシステム産業だけになると言っている。

そうなると、街には、よっぽど場所性に魅力がないと行かなくなる。実際若い男性は過去三十年で街に出なくなったという調査が国土交通省にある。銀座はまさに「ここに来るのが夢だった」みたいな場所、ハレの場だった時代があるけど、今はそういう感覚はないでしょう？

消費社会というのは、基本は上流階級のものが庶民でも買えるようになることで発展した。ところが今は「これを着て行きたい街」みたいなコンセプトは難しい。逆に言えば、銀座は本当に気取って行くための街として、ドレスコードの復活でもしたほうがいいかもしれないですよ。大正時代の着物を着て集まるイベントとか、好きな女性は多いから。

再現不可能な場所性の魅力

三浦　東大の社会学者、北田暁大《あきひろ》さんがかつて、一九九〇年代末の都市の状況を分析して、渋

北千住の古い商店ビル

谷まで行かなくても町田と柏でいいんだという若者が増えたことを指摘しました（『広告都市東京』廣済堂出版／ちくま学芸文庫）。また二〇〇〇年代以降、みんな横丁や闇市や遊郭に関心を持ち出して本もたくさん出るようになった。

やっぱり人は、歴史の中で自然発生したような場所性に憧れている。昭和喫茶も大人気で神保町の「さぼうる」なんて行列で入れない。新宿の「らんぶる」も満員。十年前は私しか客がいなかったのに（笑）。銀座で若い女性が行列する店ありますか？

本来、銀座にはいろんなものがあって、奥には路地があったり、昭和の喫茶店もあるが、昔と比べると路地も喫茶店もかなり減った。渋谷も新宿も減ったんですけれど、銀座の場合新聞社や広告代理店が移転したことも影響している。仕事の仕方も変わって、喫茶店で時間をつぶして物を考えるというのが許されなくなった。でも横丁的空間は必要なので、デベロッパーも再開発で横丁を作りたがる。丸の内のビルにゲイバーが入ったり、少しでも猥雑な要素を入れようと工夫するようになった。

銀座には高級な雑居ビルが増えているだけでは？

吉祥寺のハモニカ横丁を変貌させた手塚一郎さんは、横丁の中にコム・デ・ギャルソンのブティックを仮設でいいから入れようとして、コムデに電話したらしい。断られたけれど、それを発想した手塚さんはすごい。実際、コムデは屋台みたいなドーバーストリートマーケットを銀座に置きました。だったら本当の横丁に一カ月入っても面白いと思う。そういう企画力が街に問われている。ありきたりのテナントをはめ込むだけでは人は満足できなくなっている。高級ブランドだから「ありきたり」ではないということにはならない。銀座には高級な雑居ビルが増えているとも言える。それでは今の若い日本人はワクワクしない。

デベロッパーも個人としては分かっている人もいるが、商売にしないといけないから、高級雑居ビルづくりをするしかない状況がある。今和次郎の銀座地図を見ると喫茶店やカフェが無数にある。まさに銀ブラの街だったことがわかる。ニューヨークでは花屋は免税されるらしい。銀座も喫茶店を免税したほうがいい。

銀座の後に立石に行った方が東京を満喫できる

――私はここで銀座の味方をしないわけにはいかないんだけれど、銀座の面白いところは、奥が深いところで、飲み歩いて一万円以下ということも可能なんですよ。奥への入り口が、高級ブランド街であるという落差も銀座の面白いところです。

三浦 西荻なら飲み歩いて五千円だし、立石なら三千円。北千住のほうがよっぽど奥が深い。僕が、北千住の人に杉並から来ましたと言ったら、杉並って家しかなくてつまんないんだってね、と言われたことがある。家しかないというのは間違いですが（笑）、江戸時代以来の大宿場町から見れば新興の山の手なんてつまらないんでしょう。

北千住のアメーバのような路地を一筆書きで歩いた人がいるそうです。僕も一年に何度か北千住の路地を歩き回りたいという気持ちに駆られることがある。それは銀座でするよりはるかに魅力的に思える。落差というなら、昼間、銀座でエルメスのウィンドウショッピングを楽しんだ後に、北千住の路地に行ったほうがもっと落差が味わえる。わざわざ銀座の裏をうろうろする必要はない。

東京の落差を味わおうと思ったら東京中を動き回ったほうがいい。そういうことをしている人が増えた。昼は銀座できらびやかな仕事をしている女性が午後三時から立石でホルモンを食べているという落差が東京の面白さなわけです。

――なるほど。それでも銀座にブランド力があるとすれば、どこにあると思いますか。

立石の飲み屋街

三浦　ブランドではあるが、銀座に威光を感じたい人が多いかというと、もうあまりいないんじゃないですか。外国人観光客が増えたことも一因ですが、バブルの頃も、もうなかったと思う。僕はかつて渋谷が日本の中心だという価値観の会社にいたからバイアスがかなりかかりますが。

１０９は渋谷にあるから１０９である

たしかにバブル時代に円高で輸入品が安くなって、銀座三越のティファニーで本物が安く買えるようになって銀座が復活した。でもそれが銀座のブランド力だったのかというと疑問だ。ティファニーのブランド力ではあるけど。別に渋谷西武でも、宇都宮の東武でも、ヴィトンやシャネルをバブル時代は二十代の若者が買っていた。銀座で買うことに意味を感じた人がどれくらいいたか。

そういえば十数年前、宇都宮に１０９《いちまるきゅう》ができたとき、ギャルを取材したんだけど、彼女は宇都宮の１０９には行かないと言っていた。１０９は渋谷にあるから１０９なんだって言うんです。そういう場所性が大事なんですね。渋谷にはなぜか場所の魅力がある。ハロウィンも盛り上がる。それはなぜなのか。誰も分析していない。都市計画学会で分析したらどうですか（笑）。

銀座や表参道やブランドショップは建築的には面白いとは思うけれども（表参道のプラダとか特に）、どうしても銀座という場所で買うことの満足感を味わいに行くかというと、今はどうなんでしょう。そもそもブランド力みたいなことで今、日本人は動くのかな。

――中国人は圧倒的に銀座に来ているらしい。多分、第一、第二の消費社会の夢を追い掛けて来ているのでしょうが、あっという間に第三、第四に行くでしょう。

三浦　シャンゼリゼも今は中国人だらけらしい。だが中国も三十年後は今の日本と同じぐらい高齢化する。上海の出生率は今0.6だそうです。百組二百人の男女が六十人しか産まない。そうなると急激に第四の消費になる。この十五ヶ月で十五回「第四の消費」について中国人に講演しました。テンセントなどの大企業にもした。とても関心を持ってくれます。

世界中から富裕層を集めて消費してもらうしかないのか？

今、パリの若者だってお金がないからカフェに行かないらしいですよ。シャンゼリゼはもちろんモンパルナスのル・ドームも行かない。マレ地区なら若い人が集まる。若い人が減ってお金もないって、世界的現象なんですね。というか日本が先進国に変な意味で追いついた。他方、日本のIT企業で儲けている人たちは、昼飯はコンビニ弁当だし、夜も酒を飲まない。もちろん煙草も吸わない。ある調査データを見ると、若い世代は、コンビニ弁当やカップ麺って上流の人もたくさん食べているんです。びっくりですよ。上流らしさがなくなったのです。

だからこのまま行けば銀座みたいな世界都市の中心部は、シャンゼリゼと同じで世界中から富裕層を集めて消費してもらう場所になるしかない。普通の若者は別の街で楽しんでいる。そういう状況が東京でもはっきりしてきたのでしょう。

ベルリンは富裕層向けの街があまりなくて、全体が若者向け、サブカル風で、家賃も宿泊費も食費も安くて、世界で一番住みたい都市とすら言われてるくらい面白いですけどね。

京都人のいけずな応対もマゾ的には楽しい

――一方で、お店での人とのやりとりや、このおやじの言うことなら間違いないなという信

北千住の狭い路地

頼感は銀座も大事にしようねといってきたので、そこをうまくアピールすると銀座にも未来はあるんじゃないかと思うんです。

三浦　お店の人とのやりとりが大事ってのは、北千住でも立石でもどこでもそうですよ。僕は銀座の老舗で買ったことがないから、どういうものが銀座らしい応対なのか分かりませんけど、「銀座の応対は他と違うね」みたいなことは、もちろんあったほうがいいでしょうね。京都人のいけずな応対もマゾ的には楽しめるんで（笑）。

消費者が人間を楽しむ時代になったことはたしか。モノではない。そういう意味では銀座も中高年がもっとぶらぶらしたくなる街になることが大事になる。北千住でも玉の井でもシニアの散歩集団がいます。そもそも、散歩はお金がかからず健康にもいい。最後に銭湯入って酒飲んで楽しいからみんな散歩し始めるぞと二十年近く前に言ったのは私です。以来自分で実践しています（笑）。

当時赤羽の台地の上を散歩しているのは私だけでした。今は行けば、他にも必ず見かけます。銀ブラでどれだけ金を落とすかは分からないけれど、街に来なけりゃどうしようもない。

SNS時代の都市とは

今はSNSで、例えば建築のオープンハウスとかイベントやるから来てねというメッセージがたくさん来る。その場所が、銀座でも渋谷でもなく、吉原だったり練馬の小竹向原だったり埼玉の鳩山町だったりする。普通はまず行かない場所。だからこそ行ってみようという人が増えた。昔だったら公園通りを一時間四千人歩いていたのが、今は二十人ずつ二百カ所に分散している。SNS時代というのは、個人が自分で集客できる時代だから、それを全部銀座に来てくださいというのは無理。銀座にある一つ一つの個店がもっと積極的にイベントするとかワークショップするとか、発信していかないと人は集められない。

そういう意味では、銀座は木挽町《こびきちょう》のほうが面白そう。そもそも銀ブラの語源は新橋演舞場の取締役で帝国劇場の舞台装置も手がけ、カフェー・プランタンもつくった画家の平岡権八郎が仲間の小山内薫たちといつもぶらぶらしていたところから生まれた言葉らしいから。

木挽町側にはまだ足袋とか職人の店もあるし、新しいお店もできている。地価が安くならないと新しい人が店を開けないし、街は面白くならない。木挽町側をどんどん面白くしていって、それと銀座の関係をうまくつくっていくことも考えるべきだ。古い建築を残すとか。人力車を観光として復活する手もある。

地方が頑張ったのに銀座はどうなのか

今、芸者文化の復活が日本各地で盛んです。八王子では黒塀を復活したり、大きなお祭りをしたり、福井では日本中から芸者衆を集めて一昨年大イベントをやりました。私の出身地の新潟の高田でも築百年の料亭があるので「百年料亭」という全国ネットワークを作って頑張っています。

日本中の地方で、衰退だといわれて、この二十年間努力したんですよ。その結果、地方に移住する人も増えたり、実際に町も変わった。川越なんて日曜日に行ったらすごい人出じゃないですか。だから銀座は全国に包囲されたんです。この二十年、銀座はブランドビルだけ建てました、というのでは争えない。

都心で言っても、日本橋の開発が進むと、江戸・和のテーマで集客される。渋谷の開発が進むと、現代的なものは渋谷に集まる。銀座はどうするか、よくよく考えないと閑古鳥が鳴きますよ。

横丁、闇市跡、遊廓跡のほうが魅力的

――銀座には大きな美術館もないし、文化の発進力が弱いですよね。

三浦　松屋銀座の催事で面白いのが多いけど、六本木に三つも美術館ができて、渋谷のBunkamuraも定着して、清澄白河には現代美術館、という状況のなかではかなり見劣りします。銀座のギャラリーがもっと入りやすくなればいいけど。新橋芸者の「東をどり」も見たいけど、どうやったら見られるのかあまり情報が流れてこない。だったら京都に行く方が初心者向けの行事があるんじゃないですか。

今の若い女子は吉原やストリップだって見に行きたいというくらいで、吉原にできたカストリ書房が昭和喫茶を借り切ってイベントすると、カフェの女給気分で着物を着た若い女性が集まるんですよ。だから新橋の芸者さんの会ならいくらでも人は集まると思う。銀座のホステスにちょっと会って話を聞けるとか、いくらでも面白いことは考えられるはずだけど。

遊郭跡をめぐる人も増えた（玉の井）

西洋が並んでいても仕方がない

――銀座としてはそういうところはちょっと隠しておきたい、そんな簡単には入れませんよ、という感じを醸し出したいんだと思うんですよね。

三浦　簡単に入れないところにあなただけ一万円で、ちょっと秘密が買えるようにすればいいんじゃないですか。祇園も、バブルがはじけてから敷居を下げたわけでしょう。先斗町《ぽんとちょう》も一見さんお断りをやめた。どういうバランスで、どうオープンにしていくかですよね。あまり大衆化しすぎない程度に、一万円だとここまでだけど、三万円ならふすまが開きますよみたいなことをやっていけばいいと思います。やっぱり新しい銀座ファンを作らないといけないから。

昨今、日本人旅行者が増えたのは京都ですよね。第四の消費社会は日本回帰だから。西洋が並んでいたって興味ない。80年代、ＯＬは休みの日には神戸、横浜に遊びに行きました。銀座もそうだけど、西洋の最新の文物、流行があるところに行った。でも今は京都。伊勢神宮へ行く人も多い。あるいは三内丸山遺跡ですよ。

若い世代は都会にはわくわくしないが都市にワクワクする

――三浦さんは、郊外研究をすごくされているけれど、その郊外と都心の関係はどうなっていきますか。これまでは郊外に住んで都心に働きに出るというライフスタイルですが、今後おそらく、一つの町で住んで働く、という方向にいくわけですよね。

三浦　これからは郊外も住んで働く場所になるでしょう。やっぱり子どもは郊外で育てたいという人は多いし、今、子育てしている世代の実家は郊外にあるから、親に育児を助けてもらうとか、親を介護しなきゃとかいう観点で、子どもが生まれればやっぱり郊外に戻る人はいるんですよね。

だから郊外でも働ければいいわけです。ある郊外でママ友五十人を雇って会社をやっている女性もいます。美容関係のサロンを自宅に開く女性も多い。もちろんコワーキングスペースも増えている。郊外で働きながら子育てをする、家族を大事にする。そういう方向に変わる。そうなると都心の繁華街はどうするか。

――郊外から電車に乗って、都心で買い物するというようなわくわく感はなくなるのでしょうか。

三浦 それはもう銀座にマツキヨを入れた時点で終わったんです。松戸のブランド入れたんだから。ユニクロだって山口県。ああいうものが入った時点でわくわくは無理ですよ。

――その街の個性という意味でのわくわく感は、今までは都会にしかなかったということですね。

三浦 地方の小都市でも、田舎から街に出るときはやはりわくわくしましたね。百貨店に行くとうれしかった。小さい子どものときの記憶ですが。そういう体験を今の中高年はしている。若い世代はモール世代だけど、モールにわくわくするんでしょうね。

あと都会と都市は違う。新橋で焼き鳥食ってる風景は都会的ではないが都市的である。北千住の立ち飲みも、立石のホルモン屋も、都会的ではないが都市的である。そして今、若い世代は都会にはわくわくしないが都市にワクワクする。

多摩ニュータウンで育った人が北千住に行ってみたら、古い家がいっぱいあって、道は狭いし路地だらけだし、面白いんです。北千住は、海外旅行するよりよっぽど面白いと言う女性に会ったことがある。銀座も昔は路地があったし、西洋的でエキゾチックな街だったんだけど、今は違う。むしろ下町の横丁のほうがエキゾチックです。二十年くらい前、アジア旅行が流行ったときのような感覚を、今は横丁や遊郭跡や闇市に求めていると思いますね。

銀座に横丁や路地裏があることを知っている人は少ない。かつ、路地で争っても銀座にアドバンテージがあるわけじゃない。神楽坂のように石畳なら行きたくなるかもしれないけれど。煉瓦街が少しでも残っていたら面白かったんでしょうけど。だから煉瓦街を復元してもいいと思いますよ。

でも、路地でも固定資産税は同じように高い。だから建て替えることになっちゃうんでしょう。すべてはお金の弊害ですね。税制はどうにかしたほうがよい。高級ブランドの事業所税は十倍にして、路地裏の店は十分の一にしたらどうか。

すべてはお金の弊害

――路地は私道ですからね。今、貴重な路地が瀬戸際です。非常に残念な事態が起きそうにはなっています。

三浦　渋谷ののんべい横丁は当分残すことになりました。巨大再開発でなくなると言われていたのに区長が英断を下した。路地とか横丁とか闇市跡はそのまま残して、そこの空中権をどこかに移動してそっちに高層を建てましょうというアイデアもあります。

立ち飲み屋はどこもにぎわう（大井町）

——銀座は地権者が複雑で、地価も高いから、実はバブルのときにほとんど動かなかったんです。地権者も地元の人とは限らない。地方の大金持ちだったりします。だから、街の活動をしている人たちは、必ずしも地権者中心ではありません。

三浦　まあ、それは他の街でもよく聴く話です。街で活動する人がヨソ者っていうのも、普通にある話で。むしろ地付きの人は頭が古いことも多い。私の住む杉並でも、「うちの商店会長が新しいことを否定するんだ」って文句を言っている人がどう見ても80歳だったりする（笑）。

人の身体性・演劇性を味わいに行く

——第五の消費社会に向けてどうなるのでしょうか。

三浦　これからは人間というコンテンツが大事になっていきます。ＡＩが進んで人間の魅力が問われるということとも関連するかもしれません。

「すきやばし次郎」のおやじさんは、見ていると二回握るだけで寿司ができちゃう。魔法のようです。熟練バーテンダーの手つきもそう。それを見に行くだけでも価値がある。芸能です。目黒の「とんき」も、トンカツをおじさんが切っている姿はまるで踊りのようだし、店員さん

東京の各地で再開発が進む（五反田）

たちの動きは舞台を見ているような感じですよね。

いい店というのは、誰が何やっているのかよく分からないんだけれど、ちゃんとうまくいっている。立石の「宇ち多」もまさにそう。何を注文しているのか、呪文のようにしか聞こえないんだけど、全部わかっててひたすら娘が焼く。一つの演劇空間。

なぜいま横丁が人気なのかというと身体性とか演劇性があるからで、声の出し方でも注文の取り方でも演劇的な人間の身体の動きがそこにある。「宇ち多」のおじさんの声がまたいい、絶対にのど自慢に出たなというういい声なんですよ。

でも、おじさんを西荻に呼ぶわけにもいいかないんで、料理はもちろんだが、やっぱりその場所を味わいに年何回か行きたくなる。演劇性と場所性が重要。

恐らく銀座にはそういう魅力的な人間のコンテンツがいっぱいあるはず。ところが飲食店が、銀座では路面で成り立たないというのは非常によくないですね。

――二〇〇四年に「銀座街づくり会議」発足シンポジウムで、槇文彦先生に基調講演をお願いしました。その時に、「世界中どこでも、食べる行為が道空間に向かって濃密に行われている街はいい街だ」という意味のことをおっしゃいました。道空間のにぎわいづくり、開かれた空間づくりの重要性についての発言とばかり理解していたのですが、実は地価の問題も大きいと最近わかってきました。要するに飲食で成り立つ、一階でカフェをやって商売が成り立つ街ということだと思うんですよね。一階でコーヒーやおそばを売っても、銀座では商売が成り立たないわけですよ。

三浦　槇先生は正しい指摘をされていますが、今さら大先生に言われないと動かないということこそが大問題ですね。

4章　渋谷　ここしかないという場所と「ヒト消費」

渋谷はまだ郊外みたいで、さらに高層ビルができそうだ。

渋谷は、地上を歩いてると新しいビルに囲まれて、とても過密で、ハチ公前も大混雑で、ほっとする場所がない。

でもビルに登ると意外なほど街が平べったいね。高い建物が少ない。渋谷はやっぱりまだ郊外なんだなと思った。港区とは大違い。こういう大型ビルをまだたくさん建てないと都心と比べて渋谷の地位が低下してしまうと不安になる人もいるのだということがわかるね。駅前の再開発だけで驚いていてはダメで、これからまだまだ区内に巨大ビルができるのかも知れない。

それにしても、遠くに見える西新宿のビルの個性と比べると渋谷にできたビルはおとなしい。

よーく見ると壁面がカーブしてたりするが、現在の日本企業が陥っているチマチマ病にかかっている。西新宿のビルは三角とか裾広がりとかアトリウムがあるとかモード学園とか個性的。なんたって都庁舎も遠くから見ると存在感がある。

スクランブルスクエアのビルの壁面の映像もただ広告を流すだけで、あまりにも陳腐。広告費を取りたいだけでクリエイティブがない。映画の「ブレードランナー」の「強力わかもと」の映像を流せば世界の名所になる。そしたら媒体費が上がって、もっとセンスの良い広告が流せるのにね。

文化的不良っぽさがないと街にならない

都心などの他の街と違って、渋谷は再開発しても、「渋谷らしさ」を問われる街なんだよね。新宿だとそれほど問われない。渋谷は今でも若者がブラブラして新しいことを考えているような街で、その一種の「不良」的な雰囲気は残して欲しい。昔は銀座もそんな雰囲気だったらしく、「銀ブラ」ってのもウインドウショッピングの意味ではなくて、カフェでたむろし街をブラブラし新しい事業を企画する「文化的不良」の意味だったらしい。でも今は老舗が貸しビル業をして、路地を潰して高級ブランドビルを建ててる。街として面白さがなくなっていく。渋谷はその二の舞にならないように、と東急も少しは考えてるんじゃないかな。文化は真面目な人にはつくれないから。渋谷は百貨店の横にラブホテル街があったり、いろんな人種が混ざった感じがする。行儀よくやり過ぎると「どこにでもあるもの」しかできなくなる。のんべい横丁を残しているのもそう考えているからでしょう。エッジがないと国際競争で生き残れない。

東急は工学部、パルコは美大

それで言うと、（駅上や駅前の）東急の開発にはやっぱり行儀の良さが出ている。ドラァグ・クイーンが接客するミックスバーを入れたパルコと比べると、際どさが無い。「スクランブルスクエア」のリーシングは近い将来ＡＩにもできそうな気がするけど、パルコのリーシングは無理。二つを比べると、パルコは美大出身者が、東急の開発は工学部出身者がつくったように見える。ただ東急も、自分たちは行儀良くやるけど、怪しいものを街から排除はしないんじゃないか。

渋谷・ハチ公前

東急には、かつて渋谷をセゾンに乗っ取られたコンプレックスがあるはず。西武百貨店、パルコ、ロフト、シード、ＷＡＶＥなどが渋谷らしさをつくった時代、渋谷の代名詞だった時代があったから。今の東急は、単に行儀良い街ではない、均質化しない雑多な雰囲気を残そうとか、新たに創出しようという気持ちはあるんじゃないかな。

そういう街のノイズを残せるかどうかは非常に大事。昔は流行があったので、新しい商品さえ置いていれば客が来たけど、今は流行がないので商品だけだと客を呼べない。だから、中国人の「爆買い」狙いではない何かを提示しないといけない。今爆買いしている中国人の子供世代は単なる高級ブランド志向ではなくなるはずで、彼らが「銀座より渋谷が良い」って言ってくれないといけない。銀座で買えるものって、世界の他の都市でも買える。でも、中国も今後消費文化が成熟していくと、爆買いじゃなくてセンスで選ぶ時代になる。その時に、渋谷にしかない優れたセンスの商品や店が必要になる。

「ここで買いたい」と思える店

一九八五年ごろに、いろんな所で、なんとなくパルコっぽいファッションビルがたくさんつくられて、パルコはそれらとあまり差別化できなくなった。でも、新しいファッションビルは単に売ることが目的だから思想がなかった。今でいうタピオカ屋と一緒。そのためファッションが売れなくなるとカニ料理チェーンやパチンコ屋を入れた。

パルコの原点はカウンターカルチャー。現状に不満がある、人と違いたい人が集まる。今、世の中全体が保守的になって、みんながユニクロを着ている。だからこそ「ユニクロ？　そんなの嫌だよね」という空気を今度のパルコはつくりやすかったとも言える。でもパルコに限らず、カウンター的な価値観の人が集まらないと渋谷の街の意味がないでしょう。

こうしてパルコの中を歩き回ってみると、洋服にしても普通の女性が会社に着ていける服はないよね。そういう客を最初から相手にしていないというか。「スクランブルスクエア」と「パルコ」で客の正社員比率を比べたら面白いんじゃない?（笑）
「スクランブルスクエア」にしても「フクラス」にしても、入った瞬間に昔の東急百貨店や文化会館と同じにおいがする。これは比喩じゃなくて、ほんとに鼻で感じるにおいなんだ。それはきっとターゲットが同じだからだろう。東急のメインターゲットはあくまで沿線に住む人たち。パルコは「パルコが好きな人」がターゲットで、商圏が広い。世界中にいる。
渋谷を歩いていても、昔は20代中心だったが、今は10代も80代もいる。今度のパルコも年齢ではなく価値観でターゲットを絞っている。だから年齢層も10代から70代まで広がる。最大公約数を狙っていない。その意味では郊外や地方、あるいは駅ビルで真似をしようとしても難しいでしょう。
地下一階も、昭和の横丁みたいなお店があったり、ドラァグ・クイーンの店があったり、でも昭和テーマパークみたいにならずにうまくつくっている。わかりやすい「らしさ」を少しずらした感じが良い。15年前までは、年をとったら渋谷じゃなくて銀座に行くっていう傾向があったけど、今は違う。若い時にパンクやツッパリやカラス族やテクノなど、変な格好してた人が今の60代だからね。シニア世代が相続とかライフプランの相談に来る「フクラス」の六階と

未来的な渋谷駅東口歩道橋

は違う。

日本全体としては人口が激減していくので、世界に対してどう発信するかが大事になる。例えば、世界中にタワマンとBMWが好きな人はいるので、そういうヒト向けのビジネスも東京に必要。しかし、世界中にそういうのが嫌いな人もいる。前者を相手にすると、世界中のショップと差別化できない。アジアの都市が発展すれば今の日本と同じ店がつくれるから。だから渋谷は世界のアンチでニッチな人たちを相手にしないといけない。「ここにしかないもの」をどれだけ提示できるか。

渋谷パルコ一階に入っている「グッチ」や「ロエベ」を見ても、他の「グッチ」や「ロエベ」とは全然違う。世界中にショップがあるけど、渋谷パルコの店は違う、そこの商品はニューヨークやパリでは手に入らないだろうと感じられる。「ワンアンドオンリー」を感じるんだよね。もちろん、このテンションをどこまで維持できるかがパルコにとっての課題ですけどね。

これからは「ヒト消費」が重要

少し前から「コト消費」ってよく言うでしょ。けれど実際は「ヒト消費」だと思うんですよ。パルコの新人デザイナー発掘ショップでも、こんなTシャツつくるのは誰だ、もしかすると将来の川久保玲か山本耀司か、先物買いで買っておこう、みたいに、モノを買う行為も実は人を支持する行為である。サービスを消費したり、イベントに金を出したからコト消費だってことではない。消費者は消費を通して、ヒト、キャラクターを求めているんです。美容師とかバーテンダーはまさにそうだよね。

昔、宇都宮にファッションビルの「109」ができた時、地元の女性にインタビューをして、「109ができて良かったね」と言ったんです。そしたら、「だめだ。宇都宮109で買いたいんじゃなくて、渋谷109のカリスマ店員から買いたい」って言うんです。「109は渋谷にあるから109なんだ」って。大事なのは場所とヒトなんです。ここで買いたい、この人を推したい、という感覚。

無名のブランドのTシャツを買うのも、そのデザイナーの将来に投資しているのと同じで、そうするとTシャツに一万五千円でも出せますよね。新しい渋谷パルコには、そんな風にヒトが見える店が多いように思える。みんなが70点を取る必要はなくて、120点も30点も居て良い、という考え方が見える。その方法がどう結果に結びつくのかはこれからのパルコの頑張りにかかっていますが、僕個人としては、成功を祈っています。

5章　上海でも横丁が人気だった

上海でいちばん賑わっている場所はどこだ？

仕事で上海に行ってきた。拙著『第四の消費』の中国語訳が昨年から中国で売れ、特に小売業者の中で私の話が聞きたいという声が高まり、講演に呼ばれたのである。

上海といえば中国のみならず世界的に見ても大都市である。常住人口は二五〇〇万人。市内総生産は約四十五兆円で北京市を凌ぎ中国最大だという。面積は約六三〇〇㎢（東京都の約三倍）、人口密度は約二九三〇人／㎢（東京都は五九六〇人／㎢）という。

一九九〇年代に、上海は、浦東《ほとう》地区が経済特区に指定され、市場経済を試す地区になった。

二〇一〇年頃になると、十二〜十八階建てが最も多い住宅団地が都市周縁地区に大量に建造され、高層ビルの数が世界一になった。それにより、一九五〇年代の一人当たり平均住居面積は三㎡以下だったのに現在は四〇㎡まで拡大した！というから驚きだ（早稲田大学イスラーム地域研究機構「全球都市全史プロジェクト」ホームページ参照）。

市内にくまなく建ち並ぶ高層ビルやマンションを見ると、東京ですら平べったく感じる。だが、観光地やその駅の中はかなりの混雑であるものの、東京と比べて密度が高いわけではない。普通の街中は思ったより人が少なく、ショッピングセンターの中も客はそれほど多くない。

ところが、とても人が混雑していて、白人観光客も多い地区があった。田子坊《でんしぼう》という一角である。たくさんのショップや飲食店が出来た一種の横丁なのだ。

古い町工場街が人気の町に変貌した

田子坊は二十世紀初頭にできた工場街である。それが三十年ほど前から変貌してきたらしい。最初はティアン・ジー・ファン（田子坊）という画家がここに住み始めてから、次第にアート的な街になっていき、その後やはり画家のファン・ヨンギュウが街を「田子坊」と名付けたらしい。

近年上海では、古い工場や住宅の文化的・歴史的価値が認識されるようになっており、田子坊も建築的な特徴を残しながら活用されるようになったらしい。

狭い路地に面して無数の店があり、カフェ、レストラン、テイクアウトの食べ物屋、アクセサリー、ファッションなどの店が無数に並んでいる。どうみても普通の家の厨房からそのまま食べ物を売っているような店などもあって面白い。日本同様猫ブームなのか、猫カフェもあった。

東京で言えば吉祥寺のハモニカ横丁のようなところだが、元工場街という意味では月島の長屋にすべて店が入ったイメージだろうか。店の種類としては原宿竹下通りに近いかもしれない。アジアらしい猥雑さが上海にはすでにあまり見かけられないが、ここだけはそういう雰囲気があるのが人気の秘密だろう。大都市として発展すればするほどこうした横丁的な場所が人気を増すのは最近の東京と同じ傾向である。

若い外国人観光客で賑わう田子坊

二十世紀初頭、上海は先進国諸国の租界だったが、中でも面積としてはフランスの租界が大きかった。

その旧フランス租界は今行っても本当にパリのようであり、街路も建物も美しい。無印良品の上海店があるのもフランス租界地である。

また上海でも二十世紀初頭に田園都市運動が日本経由で起こったようである。もちろんイギリス租界もあったから、田園都市運動の本家イギリスから直接の影響もあったかもしれないし、田園都市思想はフランスにも影響したから、フランスから上海への影響もないとは言えない。いずれにしろ、その頃緑豊かな街路と高級住宅地がつくられ、それが今も残っている。

上海の一八四〇年ごろの開港以前の伝統住宅は、平屋の中庭様式の住宅だった。そこにイギリス、フランス租界ができ、洋館が増え、一八五〇年代からは租界内の中国人向けに「里弄《りろう》住宅」という集合住宅が急速に増加した。

一九二〇年代になると、田園都市の思想の影響を受けて「ガーデン付き里弄住宅」というものも誕生した。

「里弄」とは路地のことであり、路地でつながれた地区全体をさすこともある。里弄住宅とは上海市特有の居住形式であり、路地に面して二階建て、あるいは三階建てのメゾネット形式の住宅が並んだもので、すべてが一九四九年以前に建設された。ガーデン付き里弄住宅は路地ではなく小さな庭に面するようにつくられ、一戸建てもあったという。

里弄住宅の大部分の住民は、何世代もそこで生活してきたという。炊飯、食事、洗濯などの家庭活動はオープンスペースで行われ、里弄全体の住民が一つの家族のようになっていた。老人や児童は生活のストレスが少ないため、大部分の生活時間を里弄で過ごし、近隣の人間関係はマンションの住民より親密だという。

しかし、一九九〇年代から上海市で始まった旧市街地再開発事業により、里弄住宅を含め、数多くの旧租界地時代の建築物は取り壊しとなった。急激な再開発事業により市民生活も大きく変化したという（任海「上海市の里弄住宅と里弄住民の社会・経済的特徴」『地理誌叢』Vol.51 No.2）。

そういう背景があるからこそ、田子坊のような横丁も人気なのではないか。

旧フランス租界は静かな高級住宅地で中国国内からの観光客も多い

租界時代につくられた良好な環境を維持整備するために、上海市は、景観の良い街区や歴史的価値のある住宅を「花苑都市」あるいは「花園住宅」と名づけ、それらの建物から特に優れ

若い外国人観光客で賑わう田子坊

たものを、上海市の「優秀歴史建築物」として保護している。

優秀歴史建築物の定義は、
①築三十年以上であること
②有名建築家・設計者の作品であること
③芸術性が高いこと
④中国の産業発展史上に代表性のある工場、倉庫、店舗であること
⑤上海の歴史・文化を代表する建築
であり、一九八九年上海市が専門家チームを結成し、選定している。第一回の一九九三年以来これまでに一〇五八件の建物が選定されているという。

こうした花苑都市地域を散歩していると、小さなタウンハウスのある一角を発見した。東京でいえば今はなき名作団地「阿佐ヶ谷住宅」を彷彿とさせる、のどかな雰囲気の場所だが、そこにブックカフェがあったので入ってみた。

中は代官山か吉祥寺にあってもよさそうなアットホームな雰囲気であり、若い女性が店員をしていた。田子坊もそうだが、人気の店やその雰囲気は上海も日本も共通のようである。

旧フランス租界は静かな高級住宅地で中国国内からの観光客も多い

田園都市のまったりブックカフェ

6章　アムステルダム郊外にできた千葉みたいな住宅地

初めてアムステルダムの郊外を歩いてみた

二〇一八年六月にオランダ、アムステルダムに行ってきた。アムステルダム大学などが主催する、東京をテーマにした連続講演会の講師の一人として招聘されたのだ。

私の他には、東京大学名誉教授・大野秀敏さん、東京理科大学助教で闇市研究者の石榑《いしぐれ》督和《まさかず》さん、青梅市でまちづくりコーディネーターをしている國廣《くにひろ》純子さんら総勢六人。アムステルダム側のコーディネーターは、現地で活躍している建築家の吉良《きら》森子《もりこ》さん。アムステルダム大学側の担当はゼフ・ヘメル教授である。

講演会の内容については本論のテーマではない。講演会の前日にエクスカーションとして、都心部に張り巡らされた水路を水上バスでめぐったり、郊外の住宅地を見たりしたのだが、その郊外住宅地が本論のテーマである。

アムステルダムの郊外と言っても読者はピンと来ないだろう。そもそもアムステルダムに行ったことがある人が少ないはずだ。私のまわりの普通の人たちは、オランダからは風車とチューリップしか思い浮かばないという人がほとんどだ。

建築や都市計画に詳しい人たちにとってはアムステルダムやオランダの各都市には見るべき物が多数あるらしいし、何と言ってもコールハウスというカリスマ建築家がいる。でも、郊外までは知らない人が多いのではないだろうか。

ちなみに風車は埋立地をつくるための動力としてつくられたので、埋立が終わった現在は、風車はいくつかしか残っていないそうだ。その代わりに風力発電の風車が増えた。

さて、世界の郊外の研究者である私は、アムステルダムは二度目。一度目は二〇〇四年であり、住宅生産振興財団の視察で一泊だけ訪問した。郊外の環境共生型住宅地を視察したので、都心は「飾り窓」をちらっと見ただけだ。

今回は都心部もある程度見たが、興味深かったのは郊外のほうである。なぜなら、アムステルダムに千葉県の新興住宅地のような住宅地ができていたからだ。

「砂漠」という名の住宅地

それは何だと書く前にアムステルダム市の概況を説明しておく。

アムステルダム市は人口八十万人強、面積一六六㎢。つまり面積は東京23区の4分の1ほど、人口は世田谷区一区分ほどである。言い換えると、江戸から大正時代までの東京市15区より少し大きいくらいの面積であり、人口も明治初期の東京市の人口と近いということである。なお、アムステルダム市周辺の他の市を含めた「ランドスタット」と呼ばれるアムステルダム大都市圏としては人口八〇〇万人、面積は一〇八八㎢ほどになり、東京都心二十キロ圏くらいの面積になる。

地形は当然のことながら埋立地なので平坦である。東京の下町が平坦であるのと同じで、川沿い、海沿いに街が広がる。そして、より海側に突き出した地域、東京で言えば江東区か江戸川区のような位置にアルメールという名の地区がある。

このアルメール地区の中で視察者の日本人全員の印象に最も残ったのがデューンという名の住宅地だった。

デューンとは砂漠である。オランダに砂漠とは不可解だが、北アフリカか、はたまたアメリカのニューメキシコ州あたりを彷彿とさせる起伏のある白い砂地の土地に、ちょっと地中海風と言うのか、何というのか、つまり千葉とか埼玉によくある感じの家が建っている。十数階建てのマンションも数棟ある。

日本なら、北国なのに地中海風の住宅地ができたり、南国なのにニューイングランド風の家が建ったりすることは珍しくない。だがオランダに、アムステルダムに、いや、そもそもヨーロッパに、それぞれの地域の歴史的な様式以外の家が並ぶ住宅地ができることは珍しいはずだ。

商品として住宅地がつくられることの意味

大野教授はアムステルダムにこうした住宅地ができたことがよほどショックだったらしい。住宅地が砂漠をブランドとして売られていることに強い違和感を感じられたようで、私にたずねた。

「どうして商品にはブランドがあるんでしょうね。」

「それはブランドがあることで、特定の世界観を提示し、イメージを喚起し、消費を喚起するからですね。消費を喚起しなくていいなら、ただの家、ただの住宅地、ただの自動車でいいわけで。無印良品はその〝ただの〟をコンセプトにしたという意味で例外的ですが、普通は他の商品と差別化して、自分の商品を買わせるために、特定のイメージを持ったブランドをつくり、それに合わせて広告を打って消費者の欲望を喚起するので。」

たとえばシャネルにはNo.5というブランドの香水があるが、これは本来、シャネルが五番目につくった香水という意味でしかない。だがマリリン・モンローが、寝るときに何を着るかと聞かれて「No.5だけ」、つまり全裸で香水だけをつけて寝ると答えたこともあって大ブランドになった。

同じくシャネルでもegoist（利己主義者）やディオールのpoison（毒）など強烈なブランド名を持つ香水がある。強烈だからこそ欲しくなるし、広告も衝撃的になり、その商品の世界観を支持したくなる。

住宅や街を香水のように売っていいのか、という問題はある。イメージでほいほい買うものではないからだ。一生に一度か二度しか買わないし、借りるとしても普通は十回も引っ越さない。長く使うものであり、人間が住む場所であり、だからこそ本質的な機能がしっかりと持続するべきものである。ゆえに、ブランドを付けてイメージで売るのは軽佻浮薄であるという抵

アムステルダムの郊外住宅地

アムステルダムの旧市街地

抗があって当然だ。

アムステルダムが退屈だからじゃないのか？

だが最近のマンションポエムに見られるように、現代の住宅、住宅地は、香水ほどではないかもしれないが、自動車のようにたくさんのブランドを持ち、それぞれの個性を主張し、デザインを変えて売り出される。そのために豪華なパンフレットをつくり、映像をつくる。住宅、住宅地が自動車のように商品化しているのだ。

いや、現代の自動車は昔と違ってイメージではあまり売られない。燃費、安全性、自動制御などの基本性能のほうがむしろ前面で主張されることが増えた。だからもしかしたら現代の住宅、住宅地の売られ方は自動車よりも香水に近いかもしれない。

だがなぜ現代建築と都市計画の聖地アムステルダムで住宅地が砂漠のイメージのブランドで売られるのか。

私もすぐにその理由はわからなかったが、しばらくしてから、こうではないかと思いついた。

つまりアムステルダムが退屈だからだ。

アムステルダムの別の地域の古い郊外住宅地。これも退屈だというオランダ人もいた

アムステルダムは十六世紀から都市としての歴史が始まるが、以来、歴史的に、同じ時代の同じ地域の建築は同じ様式でつくられている。現代の建築も同じ高さに揃えられ、デザインの傾向もだいたい同じだ。だからこそ都市がきれいに整備されていると言えるのだが、他方、外見的には変化や刺激に乏しいとも言える。もちろん新しい建築も建っているが、バラエティが豊富だとは言えない。パリやニューヨークのように、街を歩きビルを見ているだけで人々の心がうきうきするという都市ではないと思う。

そういうアムステルダムにずっと住んでいる人たちの中で、新しい変化や刺激を求める気持ちのある人が、アムステルダム的ではない住宅地に住んでみたいと考えたとしても不思議ではない。

地中海風とかニューイングランド風とかカリフォルニア風とか、何だったら和風とか、いろいろな住宅や住宅地があればいいのに、と思う人だっているのではないか。そういう仮説を私は立てた。

オランダは住宅の37%が公営住宅である（二〇〇二年、日本は5%ほど）。つまり中流の人も公営住宅に住めるのだ。若いときに所得が低くて公営住宅に入居し、その後年収が上がっても住み続けるらしい。しかも公営住宅のほうがデザインセンスも良い。

しかし高齢化が進み財政難が予測されるために、裕福な人は公営住宅には住まないでほしいという流れが今あるのだそうだ。国民としても持ち家志向が強まり、持ち家率は終戦直後の30%強から二〇〇二年は54%に増えた。

持ち家が増えれば、自分の好きな土地に好きな家を建てることになる。だったら別にアムステルダムらしくなくてもいいんじゃない？と考える人が出てくるのは理の当然だ。北アフリカ風にしても、南フランス風にしても、中国風にしてもいいのだ！

いつ行っても活気がある御徒町

東京の混沌と自由を再認識

もちろんデューンの入居者に話を聞いたわけではない。なぜここに住んでいるのか、どこが気に入ったのか、聞きたいところだ。アムステルダム人一般の意見も聞いてはいない。だからあくまで私の仮説である。

私は帰国し、成田空港から京成電鉄で上野に着き、アメ横から御徒町まで歩きながら、ああ、東京はいいなあとしみじみ思った。雑然として、混沌として、ぼろくて、活気があり、コントロールされず、自由であり、人間のエネルギーが街のそこここに表出している。

自宅のある住宅地に戻れば、建物は戸建

てもマンションもアパートもあり、木造も鉄筋も鉄骨もあり、三階建ても五階建ても十階建てもあり、和風も地中海風もモダンも現代建築風もあり、まるでコントロールされていない。まして商店は、パリ風もイタリア風もニューヨーク風も京都風もタイ風もブラジル風もレゲエ風もある。すべてが着る物のように個人的に選択されている。なんという自由。

これはクールじゃないか。東京の街が、江戸のまま近代化できたとしたら面白いかもしれないけど、庶民の家はみな長屋、金持ちは数寄屋建築、それしかなかったら、やっぱり退屈だろう。世田谷は一戸建てのみ、江東区は十階建てのマンションのみだったら、やっぱりつまらないだろう。環七の外側は地中海風戸建てだけで、環八の外側はニューイングランド風だけというのでも、おかしいだろう。

センスが良くても悪くても、人々の欲望が露出する東京の街。美しくはないが、楽しい。都市計画の敗北かもしれないが、人々は自由である。そういう東京が、もちろんいろんな問題はあるけど、私は好きだ。

7章　ヤバいビルの魅力

対談＝馬場正尊（オープン・エー代表取締役）

この十年ほどのあいだに私が撮りためてきた古いビルの写真を集めて『ヤバいビル』という本にした（朝日新聞出版、二〇一八年）。ここでいう「ヤバい」とは、もちろん、魅力的、個性的、他にはない、グッと来る、といった肯定的な意味である。

かつて建築家の藤森照信は、震災後に東京にできた、木造なのにファサードだけを西洋のビル風にデザインした商店を「看板建築」と名付けた。それと同じように、高度経済成長期のマンションやオフィスビルの独特のデザインに対しても、何らかの研究と命名が必要であろう。私はそれを「ヤバいビル」と呼んでみたのである。

対象となるのは一九六〇年代から七〇年代にかけての高度経済成長期につくられたマンション、オフィスビルなど。有名建築家によるもの、役所、公会堂、病院、学校などの公共建築は原則として取り上げない。商業建築は、集客のために派手なデザインになることが多いので、それもあまり取り上げなかった。あくまで、設計者不明、主流派建築雑誌にも商業建築雑誌にも出ていないマンション、オフィスを中心に取り上げた。

本の刊行を契機に、二十年来の仲である建築家の馬場正尊さんとの対談を実施した。

二〇〇〇年に一緒に見たリノベーションの始まり

馬場　写真を見ましたが、よくこんなに集めましたね。サヴォワ邸にアールをつけている物件とか驚きです。大宮の風俗店から岸田日出刀[*1]を連想するなんて誰も考えない（笑）。
三浦　たまたま見つけたんですがね。ところで僕と馬場君とは二〇〇〇年に、ある雑誌の企画で中目黒や裏原宿を歩いたのが、本書に出てくる街場の古い建物を面白がった最初ですね。まだリノベーションという言葉がない時代だった。
馬場　懐かしい。設計事務所をやってると、当たり前ですが建築基準法を遵守しないといけないわけですよ。だけど、中目黒や裏原宿とかは木賃アパートの壁をとっぱらってそこにガラスをはめただけの美容室（114頁右下写真）とか、めちゃくちゃなのがいっぱいあって、でもその自由さがうらやましくて。生きる力に満ち溢れているというか。すごく良かったですね。

三浦　面白かったね。今のいわば制度化されたリノベとは違ってアナーキーだった。その後、馬場君がR不動産の前身となる活動を始めて、東日本橋あたりのビルに注目した頃に、何度か案内をしてもらったんですけど、そもそも、いつ頃から古いビルに目覚めたのですか？

馬場　建築学生だったので、古い建築を巡礼しに見てまわったし、大学でもフィールドワークで、街を読み取るという授業もあるから。石山修武[*2]が先生だったので、集落とか、伊豆の松崎の再生とかして。街をクローズアップして見て歩く習慣はありました。

ただし、それは勉強としてというか、客観的だったんです。深くコミットしていない。学生時代にボロボロの木造の古い家を自分で改造して住みたくて、大家さん訪ねていって、断られ

＊1 **岸田日出刀**《きしだひでと》（一八九九―一九六六）は、日本の建築学者。建築家。東大安田講堂、東大図書館の設計に関わり、内田祥三とともに関東大震災後の東京大学キャンパスの復興に尽力する。一方、戦前から戦後にかけて建築分野の造形意匠設計方面の権威であった。東京大学建築学科で建築意匠設計教育に長くかかわり、岸田研究室には丹下健三、前川國男、立原道造、浜口隆一、浅田孝らが在籍し巣立っていったほか、前川や丹下らをバックアップし育てた。

＊2 **石山修武**《いしやまおさむ》（一九四四年―）　建築家。早稲田大学理工学部名誉教授。日本建築学会賞、ヴェネツィア・ビエンナーレ金獅子賞、吉田五十八賞など多数受賞。著書に『バラック浄土』『「秋葉原」感覚で住宅を考える』など多数。

2000年、馬場君と中目黒や原宿を歩いたときの様子（右の人物が馬場氏）

美容室にリノベーションされた原宿の住宅（2000年）

たりしていたんですよ。

三浦　早い！　バブル時代にもうやっていたんだ。

馬場　やってました。でもなかなか、うんって言ってくれる人がいなくて。あと、学生時代、ちょうど代官山の同潤会アパートが取り壊されるのが決まった頃、あの辺をうろうろしたりしました。木造だらけのエリアがあったりしたんですよね。

三浦　しもたやみたいのがたくさんあったね。

馬場　早稲田の鈴木了二さんという建築家の影響で、ボロボロの木造の廃墟とか同潤会の壁をフロッタージュ[*3]したり、マニアックなことをしていましたね。久しぶりに思い出したけど。

人生最大の不覚

三浦　僕ね、一生の不覚がいくつかあるんですけど、その一つが代官山アパートを記録しなか

＊3　表面がでこぼこした物の上に紙を置き、例えば、鉛筆でこすると、その表面のでこぼこが模様となって、紙に写し取られる。このような技法およびこれにより制作された作品をフロッタージュと呼ぶ。

ったことなんですよ。一九八二年に、祐天寺に住んでいて、渋谷の会社まで代官山から歩いて行ったのよ。休日出勤で。そしたら代官山アパートに迷い込んだの。その時の記憶が、ウィーンを舞台にした戦前のヨーロッパ映画みたいなイメージで今も残っているんですよ。なんかセピア色で。

馬場　わかる、わかる。

三浦　でも仕事があるからすぐ会社に行って。もう一回見に行ったと思うんですけど、当時の僕の仕事は最新の流行を追う仕事じゃないですか。古い建物がいいねという気持ちは僕にもスタッフにもちょっとはあったんですけど、記事にするとか調べるとかいう事はまったく思いつかなかったんだよね。それから八四年頃から藤森照信さんが建築探偵とか路上観察とか言い出したから、その時期なら代官山アパートを調査してもよかったはずなの。それでもしなかったんだよねえ。恵比寿を三日歩いて完璧な店舗地図をつくったことがあるのになあ。

馬場　パルコ文化全盛期だからね。

三浦　古い建物を追いかけてという時代じゃないんですよ。それが最大の一生の不覚でね。代官山アパートをあのとき記録していたら、相当早いよ。

馬場　めちゃくちゃ早い。でも、そんな昔から古い建物の色気を感じることの萌芽があったわけですね。

三浦　個人としては少しあったが、会社の仕事としてはまるでなかった。

馬場　僕は東京に出てきたのが八七年。その頃、代官山あたりは結構注目されていて、おしゃれなフランス料理屋ができていたり、まわりはぼろい家がたくさんあって。

三浦　駒沢通りなんて、ほとんど木造商店だったよね。

モダニズム、看板建築、ヤバい建築

馬場　その頃、カメラに凝るというほどじゃないけど、安いカメラをもって、セピア色って三浦さん言ったけど、わざわざモノクロのフィルムを入れて代官山のあの辺を結構撮ってましたね。

三浦　へえ。じゃあ、駒沢通りですれ違っていたかもね。早稲田の佐藤滋さんの『集合住宅団地の変遷』（鹿島出版会）という、同潤会をたくさんとりあげた本が八八年刊行だから、ちょうどそういう時期だったのかな。

馬場　そうか、そういう時期が僕の学生時代と重なっているんですね。ちょうど石山修武が大学にきて、西洋から輸入されたデザインを日本人がコピーし、鉄筋コンクリート風の建物を日本の左官技術で作ったもの、日本ならではの職人の技術と感性で引用しながらつくったキッチュなものを、ポジティブに評価していた。そういうことに対して僕も共感があったんだと思うし、ちょうど藤森照信さんが路上観察とか言い始めて、僕も藤森さんの本を読んで、「あ、それをデザインとしてとらえて楽しんでもいいんだ」という時代が始まった。モダニズムに設計された建築業界の品位みたいのを取っ払ってくれたようなところに身を置いていたというのが大きいかもね。今考えてみれば。

三浦　藤森さんも佐藤さんも団塊世代だよね。団塊世代の建築家というのは、若いときにモダニズムの限界をつきつけられたわけだよね。

馬場　そうだ。

三浦　「単なるモダニズム」に対する疑念から生まれた研究や活動として実を結ぶのが40歳位になってから。一九八〇年代だったんでしょう。

馬場　僕もそうなんだけど、ベースをさかのぼれといわれると、今和次郎とか考現学に行き当たるところがあって、今和次郎は、関東大震災の復興で人々が色々なところから拾ってきたごみとか建築の「はしくれ」、壊れた「はしくれ」とか集めたバラック建築に可能性を見出した

同潤会代官山アパート（『日本地理大系 3　大東京篇』改造社、1930 年刊より）

わけだし。

三浦　石山さんの『バラック浄土』(相模書房) につながる。

馬場　そう。材木とかの「はしくれ」で建築を造ってくというのは、人々の営みというか、素人の営みの活き活きした感じをポジティブにとらえさせてくれましたね。あれが僕のベースかな。

三浦　いい話ですね。今回「けしごむ建築」と名付けた建物も、関東大震災後のバラック建築や看板建築の流れにあると思う。高度成長期の商店街によくある三、四階建てくらいのビルって、モダニズムもあるけど、看板建築と同じようなアールデコとかアールヌーヴォーとか表現主義とかのデザインもある。

看板建築は戦争でかなり燃えちゃったけど、戦後もやはり似たようなものを建てようという意識が街場の大工さんたちにあったに違いない。隣の商店は焼け残ったとすると、突然、モダンなビルを建てたら、かっこいいけど、街に似合わない。だから看板建築に似たのをコンクリートで造ったと思うんですよね。

馬場　そうかも。だからああいう形をしている。なるほど。新学説だけど。

三浦　です（笑）。戦後のモダニズムに対して街の工務店のおじさんたちはついていけなかっ

けしゴム建築

看板建築

た面があっただろう。なんであの豆腐みたいな白い四角いのがいいのとか、なんだかガラスばっかりで冷たいねえとか、かっこいいと思えなかったんじゃないかな。あれをかっこいいと思ったのは建築エリートで、エリートたちだって本心では半分義務でかっこいいと言わなきゃいけなかっただけじゃないか。エリートは同調圧力に弱いから。

しかし街の工務店さんは、流行としてモダニズムを取り入れつつも、アールデコなど他の様式も混ぜ合わせて、かつ目を引くデザインで客がたくさん来るように変形させてビルを造ったと思う。だから「ヤバいビル」ってのは結構モダニズムに対する批評もあるんじゃないか。

馬場　とすると、ポストモダンが生まれた構図に似ているかもしれませんね。いろんなものを真似しながら工夫して、結局オリジナルになるみたいなところがある。

三浦　じゃないかと思うんです。第二の藤森照信があういう建築を調べてくれるといいな。

馬場　ですねえ。

三浦　ところで青山あたりにシャトーマションというシリーズがあるの知っている？

馬場　知ってます。あれ好きです。

三浦　設計者知ってる？

馬場　いや。

三浦　黒川建設といって黒川鴻さんが社長で設計もしていたんだけど、顧問が早稲田の明石信道[*4]。帝国ホテル研究や新宿武蔵野館や新宿区役所を設計した人。構造設計は同じく早稲田の内藤多仲[*5]。

馬場　知らなかった。監修者がいるんだ。ちゃんと。

三浦　共同で設計している。シャトーのいくつかは、エレベータを出ると専用廊下で自分の家にいくの。共用廊下じゃないの。しかもそれが円形にくねっている。アメリカのリゾートホテルっぽい。

馬場　へえ。そこに早稲田の先生が関与したのか。

三浦　早稲田はどちらかというとヤバい建築系だよね。

***4　明石信道**（一九〇一―一九八六）北海道函館市に生まれる。一九二八年早稲田大学理工学部建築科卒業。一九四〇年早稲田大学専門部工科講師。一九四五年早稲田大学専門部工科教授。一九五二年早稲田大学理工学部教授。一九七二年早稲田大学名誉教授。一九七三年『旧帝国ホテルの実証的研究』で日本建築学会賞受賞。

***5　内藤《ないとう》多仲《たちゅう》**（一八八六―一九七〇）日本の構造家。建築構造技術者・建築構造学者。一級建築士。「耐震構造の父」と評される。名古屋テレビ塔や東京タワーなど鉄塔の設計を多く手がけ、「塔博士」とも呼ばれている。日本建築学会長、日本地震工学振興会会長などを歴任。

馬場　吉阪隆正[*6]がそうだし、今和次郎も村野藤吾[*7]もそうですよね。

三浦　商業的だったり、大衆的。

馬場　慶應には建築なくて、東大の王道路線があって、早稲田はそこで常にカウンターパートにいたから、どうしても官でなくて民みたいな意識があり、官に対して批評的な立場をとらざるを得ないというか。東大の前川國男[*8]みたいに王道の公共建築に行く方向に対して、吉阪隆正のように集落を旅しながらものを書くというような方向ですね。

三浦　村野藤吾はキャバレーまでつくったし。

馬場　管理されない、街場の人たちの創意工夫にあふれたデザインみたいなものと通ずる。

古いビルを「味がある」と形容した

三浦　昔話に戻ると、中目黒にあった雑誌『A』の編集部って、自宅だっけ?

馬場　『A』の事務所の最初は、お金がないからどこかに間借りしてました。最初は青山のビラビアンカの知り合いの事務所の机一個だけを借りて。ビラビアンカもヤバいじゃないですか。

三浦　元祖ヤバいビルです。

馬場　かっこいいなと思って。その後友達の事務所の目黒の古いマンション。それが味があってよかった。

三浦　ビルを「味がある」と形容したのは馬場くんが最初でしょう。

馬場　その後、中目黒の坂の上のマンションを自宅兼オフィスにした。一階にそのころ家具屋のパシフィックファーニチャーサービスがあった。

三浦　あった、あった。ビアンカはもちろんだけれども、中目黒のマンションもかっこいいと

＊6　吉阪隆正《よしざかたかまさ》（一九一七—一九八〇）　建築家。一九四一年早稲田大学理工学部建築学科卒業。一九五〇年戦後第一回フランス政府給付留学生として渡仏。早稲田大学の教員の立場のまま一九五二年までル・コルビュジエのアトリエに勤務。帰国後の一九五三年、大学構内に吉阪研究室（後にU研究室へ改称）を設立、建築設計活動を開始。

＊7　村野藤吾《むらのとうご》（一八九一—一九八四）　建築家。日本建築家協会会長、イギリス王立建築学会名誉会員、アメリカ建築家協会名誉会員。代表作の一つ、日生劇場（一九六三年築）は花崗岩で仕上げた古典主義的な外観やアコヤ貝を使った幻想的な内部空間などが、当時の主流であったモダニズム建築の立場から「反動的」といった批判も受けた。和風建築の設計にも手腕を発揮し、戦後の数寄屋建築の傑作として知られる佳水園なども設計した。

＊8　前川國男《まえかわくにお》（一九〇五—一九八六）　建築家。一九二八年東京帝国大学工学部建築学科卒業、渡仏してル・コルビュジエ事務所に日本人として初めて入所。モダニズム建築の旗手として、第二次世界大戦後の日本建築界をリードした。丹下健三、木村俊彦は前川事務所の出身。

思って住んでいたんでしょ?
馬場　そうです。あの頃は、中目黒そんな有名じゃなかったのですけど、仕事の途中降り立って、この街はなんかヤバいと思ったんですよ。川沿いに工場とかあって。
三浦　中目黒に目をつけるのは隈研吾より二十年早いね(笑)。
馬場　帰りがけに不動産屋さんに立ち寄って、何かないですか?って言って。安いので、ぼろくていいといって。そしたら案内してくれたのが、間取りが台形のビルで。でもすごい色気があって。見た瞬間に惚れたと思って帰りに手付金を払って帰りました(笑)。
三浦　馬場くんはその行動の速さがすごい。
馬場　衝動なんですよ。
三浦　その後、アメリカに行って、『R the transformers』を出したのが二〇〇二年ですね。
馬場　イデーの黒崎輝男さん[*9]の誘いです。古い建物をリノベするプロジェクトをやろうとイデーの黒崎さんが言い始めて、やろうやろうと盛り上がって、その時に森ビルをやめたばかりで、今は小説家の原田マハさんがいて、彼女はアートキュレーターだったんです。彼女も建築好きだから盛り上がって、古いビルの再生をアメリカに見に行こうということになって、どうせなら本にしようと。

三浦　日本橋に事務所移転したのはいつだっけ？

馬場　二〇〇三年。

三浦　それでR不動産のブログを始めた。

馬場　ブログは二〇〇二年の終わりとか二〇〇三年の頭かな。ことのほか反応が良くて、「東京R不動産」という名前にして始めたのが二〇〇三年ですね。

三浦　馬場君に案内してもらって、住宅関連企業や美大の学生を連れて何度も歩いた。こんないいビルが残っていて、空き家になっているというので驚いた。新橋のリノベしたオフィスとか世田谷のイデーのビルとか築地市場の中に住んでいる人とか岩本町のぼろいビルに住んでいる人とか。

＊9 **黒崎輝男**（一九四九年—）　東京生まれ。「IDEE」創始者。オリジナル家具の企画販売・国内外のデザイナーのプロデュースを中心に『生活の探求』をテーマに生活文化を広くビジネスとして展開。東京デザイナーズブロック」「Rプロジェクト」などデザインをとりまく都市の状況をつくる。二〇〇五年流石創造集団株式会社を設立。廃校となった中学校校舎を再生した『世田谷ものづくり学校（IID）』内に、新しい学びの場『スクーリング・パッド／自由大学』を創立。「Farmers Market @UNU」「246Common」「IKI-BA」「みどり荘」「COMMUNE 246」などの「場」を手がけ、新しい価値観で次の来るべき社会を模索しながら起業し続けている。

馬場　いたいた。赤羽や砂町の同潤会住宅地も行きましたね。

三浦　赤羽で昼からウナギを食って酒を飲んだね。砂町ではかき氷を食った（笑）。どちらも今行くと、みんな新築そっくりさんになったから、味はないよ。

馬場　あのころがギリギリですね。

三浦　そう。同潤会上野下アパートも阿佐ヶ谷住宅も行ったね。

馬場　行った、行った。R不動産が始まるか始まらないかくらい。

三浦　阿佐ヶ谷住宅をリノベーションして住めるようにしてよと馬場君に言ったんだ。篠原聡子さん（隈研吾氏のパートナー）も一緒だった。意外なことに篠原さんも阿佐ヶ谷住宅に行くのが初めてだったんだ。

モダンが古くなる美学を見つけた

三浦　僕は二〇〇二年に東京散歩の本を初めて出すんだけど、準備は二〇〇一年から一年やった。あの本を書いた事は非常に大きいんだよね。自分にとって。

馬場　そっか。

阿佐ヶ谷住宅　戦後日本の名作団地

三浦　おかげで同潤会関連はほぼ全部見たし、阿佐ヶ谷住宅も見たから。

馬場　あの本はどういうきっかけで作ったんですか？

三浦　知り合いの編集者が転職して新書を一冊書いてくれって言うから、そのころ僕は原宿とか中目黒とか高円寺とか若者の街を「トレンディー」な目で観察してたんで、それを本にしようって言ったら、新書はおじさんしか読まないからだめだと言われて。でも僕がお寺や神社の散歩をしろっていうのかって頭に来て、考えて、じゃあ同潤会のある街を歩こうと。今和次郎の調査した本所、深川、阿佐ヶ谷、高円寺を見ようと。あと今和次郎が編集した『新版大東京案内』を現代風に書いてみようと思った。

馬場　へえ、今和次郎とかやっぱり根っこにあるのか。

三浦　あるんです。戦前の郊外、山手線の外側の23区を扱った本はそのころまだなかったんですよ。雑誌『東京人』だって昔は隅田川だ日本橋だ銀座だばっかりで、新宿すら当時特集してないんです。中央線特集もまだない時代なんですよ。

馬場　そうか。

三浦　赤羽散歩するなんてありえなかった（笑）。

馬場　そうだよね。今は漫画になっているけど*10。

三浦　昭和の郊外が古くなって、味が出たり、寂しくなったり面白く見えた。どちらかというと、僕は木造への萌えは前からあったんですよ。恵比寿の裏のしもたやとか。しかしコンクリート住宅への萌えはなかった。

ところが、さっきの中目黒だ裏原宿だを歩いていると中古家具屋にイームズのイスの中古品が出てたでしょ。色がはげたやつ。木造住宅や木製家具が古くなって味が出るのはわかるけど、プラスティックやファイバーやコンクリートが古くなって味がでるという感覚があるんだなと、そこで初めて気がついたんですよ。

馬場　なるほど。モダンはずっと新しかった。新しいからモダンなのに、経年変化していった時の美学がある、ということに気がつき始めたのがその時代かもしれないですよね。

三浦　そうそう。インダストリアル系もそうです。パシフィックファーニチャーサービスもそうですね。

馬場　どちらかというと建築系よりプロダクトの方が先を行っていたのかな。

三浦　そうかも。吉祥寺にあったカフェのFloor《フロアー》とかめちゃくちゃよかったですよね。

馬場　かっこよかったですよねえ。今でもあの辺のデザインがリノベなどのベースになっている。

三浦　フロアーが九九年の末くらいにきて、あとラウンダバウトとか。モダンなものがボロくてかっこいいという感覚がクリエイティブな人たちの感性にでてきたんだよね。

＊10　タレント壇密は二〇一九年に漫画家清野とおると結婚発表したが清野は『東京都北区赤羽』を連載して各種メディアで注目を集めた人物で赤羽人気に多大な貢献をした。

吉祥寺の古いビルにあったカフェ・フロアー

馬場　建物の選び方も安い隙間物みたいな、名建築でもない軽量鉄骨のくたっとしたやつにひと手間加えて生まれ変わらせている。あのデザイン物件ビルの使い方とかを最初にトライしたのは、飲食の人たちかな？

三浦　飲食とか美容室とかでしょうね。

名もなきボロビルの魅力

三浦　日本橋の裏の方のビルを案内してもらったときも、なるほど、古いビルって面白いなと僕も初めて思った。普通いいと思わないよね。

馬場　名もなきボロビルですよ（笑）。

三浦　それをあえて「いい」と言ってもらうと、たしかに「いいな」と思えたのはそれが初めてでした。

馬場　その頃の僕の目線は、コンバージョンというか用途変更。アメリカで名もなきモダンな普通のビルというものが、甦らされたのを見て、こういう解答があるんだなと思った。それで日本に戻ってきて、新橋の裏通りにあるペンシルビルを見て、あのどうしようもないと思うペンシルビルですら、住居に変えたり宿に変えたり、違う機能との出会いがあることにより見え方が変わるんだと思って、そういう目線で見ていたかな。「ポテンシャルビル」とかいう単語を使ってた。何か変化の可能性のきっかけみたいなのを探しながら歩いてた気がする。

三浦　「ポテンシャル」ってよく言ってたね。今も「ポテンシャルがある」はリノベ業界のキーワードだし。でも、そもそも古いオフィスビルのどこが好きなの？　ディテールとしては。

馬場　エントランスの右側にガラスブロックがちょっと入ってるとか。今は絶対焼いてないであろう荒いタイルが張ってあるとか、階段とか、木の手すりとか、ドアノブとか。そうゆうマニアックな部分を探しましたね。

三浦　だよねえ。玄関から入ると階段が横向きに付いてるとか。

馬場　そうそう。

三浦　馬場くんは昔からそういうのが好きだったわけ？

馬場　いや、なんかね、ぼんやり思ってたんだけど、それを肯定する方法がわからなかったというか。これかっこいいって言っちゃっていいのかなって不安だったんだけど。なんかどうも言っていいらしいと自信に変わったというか。

三浦　看板建築と同じ気づき方ですかね。

馬場　そうそう、見立てです。これを肯定していいんだって思った瞬間に自由になった。

三浦　でも馬場君が初めて肯定したんでしょ、日本で初めて。

馬場　いや、そんなことは自信満々では言えないですけど（笑）。あと、愛でるだけでなく自分が借りられる。自分事にできたってことが大事で。

三浦　なるほど。実際こんなのに住めるんだ！ってことが衝撃だったからね。

馬場　みんな二〇〇〇年から二〇〇三年ごろですね。三浦さんが書いた本も思い出しますね。『ファスト風土化する日本』（新書y）っていつ書いたんですっけ？

地方の荒廃を救う

三浦　雑誌『プシコ』に連載していたのは、二〇〇〇年ぐらいからで、本は二〇〇四年ですね。

馬場　そうやって考えると要所要所に三浦さんの本読んだり、一緒に街歩いたりして、結構僕は影響受けているのかな。

三浦　いやいや、私が馬場君に影響されているんで。そういえばファスト風土論書く時にバスジャック事件の現場を見るために佐賀に行って、馬場くんの下宿していた家はこれですかって

馬場さんは古いビルの魅力に気づかせてくれた

写メしたね（笑）。それで佐賀市内のすさみ方がすごかったんで、馬場君にもその次の『脱ファスト風土宣言』（新書y）で佐賀のことを書いてもらった。

馬場　あのころは地元には近づかないように気をつけていたんですよ。佐賀に関してはどうしていいかわからないから。デザインとか建築で何かできる気がしなかったから。でも原稿を依頼されて、自分の街を見つめ直すきっかけをもらったというか。それで今、佐賀をあの状況からどう救うかという仕事をたくさんしていますよ。

三浦　西村浩さんとやっている佐賀市の再生は素晴らしいですね。

馬場　こうして振りかえると、あらためて気づきがありました。忘れていたことも思い出して、三浦さんと街を歩いたことがもしかすると何か僕の次のアクションの導火線になっていたかもなあと思います。ファスト風土論の時に考えたことも、今、いろんな地方都市でやっている仕事の思考のきっかけになっているような気もしてきたし。ヤバいビルもきっとそうですね。次の時代は何が待っているのか。また先に教えてください（笑）。

（二〇一八年四月二十八日　於：御茶ノ水山の上ホテル）

馬場正尊（ばば・まさたか）

オープン・エー代表取締役／建築家／東北芸術工科大学教授
一九六八年佐賀県生まれ。一九九四年早稲田大学大学院建築学科修了。博報堂、早稲田大学博士課程、雑誌『A』編集長を経て、二〇〇三年オープン・エーを設立。二〇〇三年から、古くて味のあるビルの空き部屋を発見し賃貸・仲介するサイト「東京R不動産」を運営、人気となり全国各地のR不動産ができる。建築設計を基軸にしながら、公共空間づくりなど、メディア、不動産、公共を横断する幅広い活動を行っている。著書に『公共R不動産のプロジェクトスタディ』『エリアリノベーション』『都市をリノベーション』など多数。

8章　堤さん、本当に赤トンボが飛んでいますよ

私が堤さんの死を早めたかも

――三浦さんは堤さんの晩年にインタビューをするなど、接点がたくさんあったようですね。

三浦　パルコ時代は一兵卒とセゾングループ総帥という関係ですから、もちろん何の接点もありませんでした。二〇〇八年くらいでしたか、中公新書『無印ニッポン』（二〇〇九年）での対談の企画があり、初めてお会いしました。

その後六回ほどしかお会いしていませんが、濃密な時間でしたので、何十回もお会いしたような気持ちです。

堤清二さんは二〇一三年に亡くなりましたが、もしかしたら僕が死期を早めた面があるので

は、と思っています。なぜそう思うかというと、『第四の消費』（朝日新書）という僕が書いた本をめぐって、堤さんとこんなやりとりがあったからです。

その本の中には、堤さんへのインタビューも収録したのですが、インタビューさせてもらった後、堤さんにゲラを送ったわけです。インタビュー原稿と併せて本文も送ったら、堤さんから電話がかかってきて、「この対談はいらない」と言うんです。「載せなくていい」と。秘書からではなくて、直接、堤さんが電話をしてきました。

『第四の消費』というのは、消費社会の変化を三十年単位で見ていく視点で書いたものです。その『第四の消費』を書いていく中で、堤さんが三十年先を読んで仕事をしていたということが痛感された。だからこそ、『無印ニッポン』とは別に改めてインタビューをして巻末に載せたいと思ったわけです。

一方、堤さんも最後に消費社会論を書こうとしていた。それまでも流通経済論や消費資本主義論などを書いていたけれど、堤さんは最後に消費社会論を書きたいとおっしゃっていた。

彼からすると、僕にインタビューされたのはいいけど、本文を見たら、「これは自分が書こうと思っていたことだな」という気持ちがあったと思うんです。

そうじゃないと「載せなくていい」とは言わないだろう。だから「何だ、俺がやることがなくなったな」と、生きがいを喪失させた面があるかもしれない。「こんな消費社会論じゃだめだ。俺が本物を書いてやる」と思ったら、ファイトを燃やして長生きしたんじゃないか。だから『第四の消費』が堤さんの死期を早めてしまったんじゃないかと、少しうぬぼれですが、思っています。

堤さんが語った通りになっている

――堤さんの思想には、今現在に通じているものがあったとお考えですか。

三浦　まさに今起こっている現象を予言していますね。『第四の消費』が出た後、最初に僕に講演を頼んできたのは福岡市に住み、「リノベーションの女王」と呼ばれていたシングルマザーの女性です。彼女はその後五島列島に移住した。その彼女が『第四の消費』を読んでとても共鳴してくれた。自分の実践が歴史的に一種の必然であることを周りに知ってもらいたくて、僕を呼んだんだと思います。

彼女が最初に講演を頼んできたというのは、なかなかシンボリックです。その他のリノベーション業界の草創期の面々とのつきあいも『第四の消費』から生まれましたし、ちょうど二〇一二年頃、震災後ということもあり、新しい生き方が模索されていた。そこに『第四の消費』がぴったりはまったのでしょう。

福岡での講演に来ていた、東京から移住してきた女性も、「これから、福岡の田舎でシェアハウスに住んで、狩猟をして暮らします」「今日の話は大変面白くて、私がこれからやろうとするのは、まさにこれだと思いました」と言ってくれた。僕の話と狩猟生活がどう結びつくかは僕自身にもわかりませんでしたがね(笑)。

いずれにしろ、今までのような消費社会ではない生き方をしたいと思っている人に、なぜかピンとくるものがあったようです。そういう思想のもとをたどると堤さんがいた。

二〇一七年に出した『100万円で家を買い、週3日働く』(光文社新書)では、第四の消費社会的な現象について、この四年くらい僕が取材を重ねてきたものをまとめています。先ほどの二人の女性の話も同書に掲載しました。

——同書の取材の中で他にも、堤さんの予言が的中したことを感じたそうですね。

三浦　最後に取材したのが、子供を生んでも一緒に住んでいる夫婦二組を含む七人が住むシェアハウスでした。子供を親以外の複数の大人の中で育てる、親の違う子供二人で同じ子供部屋で育てるとか、今までの近代家族像に縛られない発想がある。

また彼女たちは、自分たちのつくった雑貨や食品をシェアハウスの軒先で売るとか、シェアメイトの実家の農家をいかにつなげるかとか、シェアハウスを軸とした小さな経済圏を回すことにとても関心があるんです。

小さなコミュニティと小さな経済圏。それはまさに堤さんが『第四の消費』のインタビューで話していることです！　彼らは、堤清二さんの存在も思想も知らないと思うけれど。

堤さんがそのように予測したのは、バブル完全崩壊後の一九九〇年代末か、もしかするともっとずっと早く八〇年代からだったのではないかと思います。無印良品やつかしんでの思想を考えると、それくらい早くから考えていてもおかしくない。

人間としての理想を語り続けた

――どうして堤さんは、三十年も先の世界を予想することができたのでしょう。

三浦　半分は自分の理想でしょうね。僕もよく、「それは予測ですか、それともあなたの価値観ですか」と聞かれることがあるけれど、それは両方です。

経営者としての目標ではなく、人間としての理想があって、希望から言えば、そちらに多くの人が近づいてほしい。堤さんは、その理想を共有してほしいと願っていたと思うんです。共有するために無印をつくり、つかしんをつくった。

一方で、消費社会の歴史を論理的に積み重ねて考えた時、きっとそういう人が増えるだろうと予測していたのだとも思います。

ただ、僕の予測もそうだけれど、絶対に過半数にはいらない人のことを話している気がします。0.1％だったものが、最後は20％か30％ぐらいになるかもしれないとは思いますが、50％は超えない。

バブル時代までの一般のビジネスマンの中では「堤さんか、（ダイエーの創業者である）中内功さんか」と言えば、やはり中内さんの方が支持者は多かった。中内さんに比べると、堤さんは言っていることがよくわからない。メジャー志向ではありませんでしたから。

結局、堤さんの取り組みは、西武百貨店という後発だったからできたことでしょうね。堤さんが、三越の社長を任されたら同じことができたかというと、違うでしょうから（笑）。つぶれそうな西武百貨店を押し付けられた。そこから彼の経営者人生が始まったから、老舗の三越や高島屋がやってないことをやるしかなかった。それが良かったのでしょうね。

夢遊病者のように池袋西武を歩いた

――三浦さんの、セゾングループとの最初の出会いについて教えてください。

三浦　今でもはっきり覚えているけど、一九七七年に池袋の友人を訪ねたときにたまたま池袋の西武百貨店に迷い込んだんです。入ってみると夢のようでした。夢遊病者のように店内を歩きました。「何だろう、ここは」と思った。今でもそのときの映像を憶えている。

当時の僕は田舎から出てきたばかりだから、三越も伊勢丹も高島屋も知らなかったんだけど、西武はまるで百貨店というものとは違って見えました。

その後の接点は広告ですね。僕は「おいしい生活。」はあまり好きではないけれど、「じぶん、新発見。」と「不思議、大好き。」は好きでした。もちろんそれよりパルコの石岡瑛子さんや山口はるみさんの広告の方が、より衝撃的でしたんで、それでパルコに入ったんですけどね。

――その頃のパルコはかなり先鋭的だったのでしょうね。

三浦　中にいると当たり前だから、別に先鋭とも思っていなかったし、入社した八二年ごろはパルコの広告の最初のピークは過ぎていましたけどね。すでに石岡さんはアメリカに行っていましたし、ピークはやはり一九七〇年代後半ですから。

公園通りの全盛期も一九七九年だと、当時を知っている人は言います。ものすごくかっこい
い人が歩いていた、と。僕が入った頃はパルコはもう大衆化していて、ファッション誌の
『JJ』を読んでいるブランド好きな女子大生などの「クリスタル族」が客という感じでしたか
ら。

――三浦さんは、堤さんの生み出したものの中では、無印良品を一番評価しています。

三浦　際立っていますね。やはり彼の思想をもっとも表すのは無印良品です。僕はそう思って
いると堤さんに言ったら、堤さんも非常に満足げでした。

堤さんは、やはり複雑な家庭事情があったからでしょうか。誰それの子どもであるとか、嫡
男であるかないかとか、要するに「正統」と「異端」などではなく、自分を一人の個人として
見てほしいという気持ちをずっと持っていたのだと思います。だから、「マーク」や「ブラン
ド」「刻印」をなくそうとされた。きっと堤さんが嫡男だったら、あんなふうには思わなかっ
たのでしょうね。

あと、堤清二さんは、お母さんの感性が優れていたのでしょうね。堤さんの妹・邦子さんも、
小説家としてフランスで高く評価されていたようですし、文学的な才能をお母さんから受け継

いだのだと思います。たしか、お母さんも歌を詠んでいたと聞いています。そういう感性も影響しているのでしょうね。

三十年先を予測できた

――堤さんの先見性にはそうした出自などが影響していると見ているわけですね。

三浦　僕は、この人は三十年先まで分かっていたのかと思う人がもう一人いて、それは社会学者の見田宗介さんです。

ＮＨＫ放送文化研究所で一九七三年から五年に一度、日本人の意識調査をしています。見田さんが助手か助教授ぐらいのときに、質問票を設計したんです。これを一問も変えずに今まで使っている。そしてまさに第四の消費社会に入った二〇〇三年のデータを見ると、それまでとは違う傾向が出てきた。一問も変えずに調べ続けて、三十年たって、ひと世代交代した時に、はっきりと世の中が大きく変化しているということが読み取れる。これは驚愕です。

僕も何百回とアンケートをつくってきましたが、僕のような凡人が作成すると、同じ質問をしても、去年と今年で、「なぜこんなに違うの」というくらいずれてしまいます。だから長期的なトレンドがつかめない。
けれど、見田さんが一九七三年に設計した質問は、三十年経てば、こういう回答が減って、こういう回答が増えるだろうと予測したとしか思えないんですよ。人間の価値と欲求の本質に関する壮大な理論が基礎にあって、質問をつくっている。ああいう理論は、社会学をやったことのある人間であれば、みんなあこがれるはずです（見田宗介『価値意識の理論』参照）。

——その先見性は堤清二さんに通じるところがありますね。

三浦　そうです。ただし、見田さんは社会学で欲求を理論化しました。堤さんにそういう理論があったかどうか分かりません。もっとモヤモヤした、感覚的、文学的なものなのだろうけれど、やはりあったのでしょうね。そうでないと、三十年先はなかなか予測できませんよ。

——堤さんは、銀座という場所へのこだわりが強かったようですね。

三浦　なぜ彼はあんなに銀座に執念を燃やしたのかとも思います。三越、高島屋などへの反発心なのでしょうが、そういうところは、僕にはわからないところがあります。「いいじゃん、渋谷で、池袋で」と思うのですが。でも僕がそう思えるのも、堤さんが渋谷や池袋を変貌させたからこそですが。
渋谷でパルコが一世を風靡し、増田通二（パルコ元社長、会長）さんのものになっちゃったという意識も堤さんに少しあったかもしれない。だから自分は渋谷ではなく銀座で勝負すると思ったのかも。それで渋谷では、若い水野誠一さんにロフトやシードをやらせた。

――セゾングループのホテル西洋銀座に併設する形で、劇場もつくりました。

三浦　有楽町西武だって、本当は「銀座西武」と言おうとしたんです。銀座セゾン劇場よりもずっと前、一九七〇年代に小さな銀座パルコが一瞬あったこともあるらしい。

でも、増田さんは堤さんに比べれば、何千分の一の程度の知名度しかありません。誰もが堤さんの手柄だと思っていた。でも堤さんとしては増田さんの手柄だとわかっているから、パルコがうまくいったことに多少は嫉妬したのでしょうね。

それは僕にも言っていました。「増田くんがあんなにうまくいくとは思わなかった」と(笑)。

パルコと西武

――堤さんの学友でもあった増田さんの、パルコでの影響力は大きかったようですね。

三浦　それはもうワンマンでした。雰囲気とか空気なんかではなく仕組みがワンマンです。パルコでは、新入社員が直接、増田さんに決裁に行っていました。もちろんその前には、上司にも説明しているけど、稟議書を上司から段々と上に上げていったりしない。増田さんが企画書に赤鉛筆でサインすればＯＫ。だから、当時のパルコの若い社員は、堤さんの影響はまるで感じてなかったと思います。

堤さんは『アクロス』のようなものもやりたかったようです。増田さんが営業報告書を「こんなのはつまらない。もうちょっと社会学、心理学っぽいのをやろう」と言って、一九七七年に『アクロス』は始まりました。*

最初は社会学者などにも書いてもらっていたけれど、あまり面白くないから若い社員に書かせようという話になって、僕が入社した前の年から、四十人の新入社員のうち、四人が『アクロス』に配属されていました。

そもそも二百人ちょっとしかいない社員のうち、十二人が『アクロス』をやっていたんです。おかしいですよね（笑）。しかも大赤字で。

そこまで思い切ったことは堤さんはできなかったかな。当時のパルコほど儲かる会社でないと、そこまでできないので。

また増田さんに比べれば堤さんは常識人だったし、一流が好きでした。サブカルであっても、一流が好きだった。だから新入社員にドンドン原稿を書かせるマーケティング雑誌はつくれなかったんじゃないか。

対して増田さんは、学校のちょっと変わった美術の先生みたいな存在でした。自由が大好き。規則にうるさい数学の先生ではない。だから「あいつ、面白いな」と思うとどんどん取り立てる。草の根から若い才能を見つけるのが大好きだったんです。パルコの「日本グラフィック展」第一回大賞を与えたのは、学生時代の日比野克彦さん（東京藝術大学教授）ですからね。

西武は堤さんのワンダーランド

――セゾングループが解体に追い込まれたことについてはどう見ていますか。

三浦　僕は、社会学者の上野千鶴子さんとの対談で、「堤清二には死への欲望がある」と話しました。「だから自分が死んだ後、自分のつくった会社が残っているのはイヤなんじゃないか」と話して、それを上野さんが、堤さんとの対談で伝えました。

＊『アクロス』はパルコが一九七七年から発行しているマーケティング情報誌。九八年休刊。今はインターネット上のWEB Acrossとして存在している。

ただ、その時の上野さんと堤さんのやりとりからすると、自分が死んだ後に残ってなくてもいいとは思ってないようだったけれど。

おそらく堤さんにとって、死後もずっと残ってほしいと思っていたのは無印良品でしょう。パルコも結構、愛着があったと思います。イオンがパルコの株を買った時も、「今度、株主総会で文句を言うんだ」とおっしゃって、顔面を紅潮させていましたから。

その前後に西武鉄道の方でも、ファンドによる買収がありましたよね。投資家が企業の株を買ったり売ったり、不採算だからやめたり。そういった動きをとても嫌っていました。やっぱり堤さんはアメリカ的資本主義が嫌いなんですね（笑）。

イオンやソニーなどはみんな、一九五七年前後にアメリカ詣でをしましたよね。ロックフェラーの招きですかね。それで、みんなが洗脳されて帰ってくる。けれど、堤さんは全然アメリカに興味がなかった。当時、洗脳されなかったのは珍しいですよね。

——ハンバーガーショップやショッピングセンターなどは好きではなさそうですよね。

三浦　セゾンのファミリーレストランは、うまくいかなかったですよね。徹底した合理化ができないためでしょう。コンビニエンスストアのファミリーマートもある意味、セブンイレブンに比べれば、単純に効率化しきれていなかったように見える。

けれど今度、ファミリーマートがドン・キホーテと提携したというのは、ある意味では、堤さんの精神が生きているのだと思います。だって、有楽町西武なんて、ドン・キホーテそのものでしたから。

当時、ＦＥＮ（在日米軍向けラジオ）しか聞けないラジオ（ICR-E2, 1983）をソニーがつくっていました（五〇〇〇円以上したと思うが）。そのＦＥＮが、セーターの隣に売っていたんです。単なる「〇〇売り場」といったものを、堤さんは破壊した。

有楽町西武の特集を組んだ時の『アクロス』で、「有楽町西武は森である」と定義しました。森にイノシシを狩りに行ったら、こっちにおいしそうなキノコがあった、今日はこれを取って帰ろう、みたいな。森で発見するわけです、畑ではなく。ここはダイコン畑、ここはトマト畑、ではありません。森だから、何があるのかは分からない。迷い込んで、「ああ、空気がいいな」「葉っぱがきれいだわ」と言いながら歩いていると、「あ、キノコが」「あ、泉が」「水がおいしい」みたいな世界を目指した。そういうふうに売り場がつくってあったわけです。

だから最初の有楽町西武はとても面白かった。でも運営は大変でしょうね。段々と普通になっていきましたが、最初はとてもユニークだった。

きっと本来、堤さんがやりたいようにやると、ああなるのでしょうね。つまり「ヴンダーカンマー（驚異の部屋）」になるんです。自分が好きなものに囲まれた部屋をドイツ語でヴンダーカンマー（英語に直訳するとワンダールーム）と言いますが、まるでルートヴィヒ二世のお城のようなものです。

渋谷西武も、僕が入社した頃はまだそうでした。とにかく何だか分からない店、詩集の店やおかしな雑貨の店が横丁みたいに並んでいました。「セレンディピティ」（掘り出し物）っていう今はよく使う言葉だけど、そういう名前の店もあった。簡単に言うと、おもちゃ箱を引っ繰り返したような感じだけれど、何とも文化的でした。

非効率的、でもすごく面白い。僕はパルコにいた頃、毎日渋谷西武に行っていました。西武の方が店としてはパルコより面白かったですから。

ドンキは「品のない西武」？

――小売業の標準的な売り場づくりは面白くないと消費者が感じているから、ドン・キホーテが好調なんでしょうね。

三浦　僕もドン・キホーテは好きです。二十年くらい前のドンキのほうがもっと好き。ごちゃごちゃで、めちゃくちゃで興奮しました。

最近も久しぶりに入りましたが、普通の小売業よりは面白い。どうしても滞在時間も長くなりますよね。

「何があるんだろう」とか、「本当にこのシャツは三百円でいいのか」とか考えると、どうしても長くなる（笑）。海外でうまくいっている日本の小売業は、無印良品とドン・キホーテです。

僕はある意味、ドン・キホーテはとても西武的だと思っています。〝品のない西武〟とでも言いますか（笑）。堤さんとドン・キホーテの売り場づくりのことを話したかったですね。きっと堤さんも、嫌いではなかったはずです。下流感はあるけど、面白いですから。

小さな経済圏づくり

――堤さんを知らない若い世代に、堤さんの思想とのつながりを感じることはありますか。

三浦　先ほどの赤ちゃんのいるシェアハウスもそうですが、今は小さな経済圏づくりがいろんなところで見られます。

建築家・宮崎晃吉《てるよし》さんは、まず古いアパートをリノベーションし、一階にカフェとギャラリー、レンタルスペース、二階には自分たちの設計事務所などがある「HAGISO」をつくり、次に近所の別のアパートをリノベーションしてつくったホテル「hanare」の運営を始めました。「HAGISO」では、「hanare」のチェックイン業務のほか、カフェで朝食の提供を行ない、希望を聞いたうえで夕食の店を紹介する。

宿泊費には近くの銭湯のチケット代が含まれており、泊まって完結するのではなく、宿泊客が谷中をさまざまに体験できるように街全体をホテルに見立てた運営方法が取られています。宮崎さんの設計事務所は現在は隣町の千駄木に移って、事務スペースの半分を「まちの教室KLASS」というレンタル教室にした。

「KLASS」では、尺八や三味線、料理や裁縫などそれぞれのもつスキルや知識をだれかに伝えたいと考える地元の人たちが講師となって、住民同士の交流が行なわれています。地域に眠っている人材を発掘する場ともなっているようです。

こういうように、利益を自分たちだけで独占するのでなく、街をひとつの経済圏としてまわしていくという発想。これもまさに堤さんが予言した動きです。

堤さんとも親交の深かった磯崎新の設計事務所にいた宮崎さんがこの場所をつくり始めたの

が五年くらい前で、実は彼は、僕の『ファスト風土化する日本』（新書y）の読者でもあった。僕の読者という意味では、やはりどこかで堤さんを理解できるタイプでもあるということです。きっと、彼らが三十年前に大学を出ていれば、西武百貨店やセゾングループに入ったでしょうね。

セゾン解体がフリーターを増やした

そういう意味でも、セゾングループが解体した影響の最大のものは、フリーターを増やしたことだと思っています。あるいは独立した建築家やデザイナーを増やした。組織に向かない、フリーターにしかなれないだろうな、というような若者を、セゾングループはたくさん雇っていましたから。

セゾングループから有名な作家になった人もたくさん出ました。そういう人が入社試験を受けに来たし、採用してくれたのが面白いですよね。普通の企業の人事部長だったら、絶対に雇わないような若者ばかりでしたから。

三十年くらい前、セゾンはグループ共通採用を実施していました。僕も学生の面接をしたことがあります。すると「僕は詩が好きです」とか、そんな学生ばっかり。さすがの僕も「もういいかげんにしろよ」と思いましたよ（笑）。

ああいうタイプの人たちは、セゾングループ解体後は就職するところがなくなってしまったのではないでしょうか。記憶にないですが、もしかしたら、履歴書には大学名がなかったかもしれません。無印良品的な発想ならば、そんなものは必要ありませんよね。

拾ったり、もらったりする時代

——三浦さんの無印良品との出会いは？

三浦　僕は入社一年目に東急東横線の祐天寺駅の近くに住んでいました。そこのファミリーマートに、無印良品のメモ帳や鉛筆が売っていたんです。「これだ！」「こういうのが欲しかったんだ！」と小躍りしましたね。

当時は無印良品が、まだ西友の小さな一事業だった頃です。ですから西武百貨店に迷い込んだ時や、無印良品を見た時に、えもいわれぬ感動を覚えた。やはり波長が合っていたんでしょうね。

でも、さきほどの赤ちゃんと一緒に暮らすシェアハウスでは、部屋に無印良品の商品なんて一つも置いてません。そのかわり、拾ったものか、もらったものがたくさんある。

彼らも無印は好きだが、無印良品があるシンプルな暮らしをしたい世代ではない。無印良品的な思想が内面化され、生活が最初から無印だからこそ無印良品がいらない世代になっている。

他にも、今回の本で取材した人たちが使うもの、持っていたものは、自分がつくったもの、拾ったもの、もらったものばかり。そういう価値観、広い意味のシェアが確実に浸透しているわけです。

シェア的に生きる人にとっては、「拾いました」「もらいました」「これはおばあちゃんから引き継いだものです」というほうが納得がいくようになってきているわけです。それが自然であると感じる世代が、今の20代、30代。

無印思想が広がると無印良品はいらなくなる

だから、逆説的ですが、無印良品の思想が究極的に広がれば、無印良品は不要になるのです。

堤さんも、さすがにそこまでは言わなかったけど、でもきっと考えていたはずです。無印良品の思想が広がれば、究極的には、無印良品そのものが不要になる。『第四の消費』のインタビューでも最後は「無印良人」が「無印良事」をして暮らす街ができるだろうと言っています。

最近中国で『第四の消費』が売れているので、たびたび上海に講演に行くのですが、ショッピングモールにはあまり人が歩いていないんです。けれど、古い町工場街に飲食物販の店が集まっている横丁が人気です。そこでは中国人も外国人も、観光客であふれています（5章参照）。

やはり上海は近代都市としての歴史が東京と同じ時代に始まったから、第四の消費的な現象がいち早く起こるのだなと思いましたね。

つかしんに時代が追いついた

――一方で、東京の消費についてはどう思われますか。

三浦　都心とそれ以外で人種が分かれてきましたね。都心のタワーマンションに住んで、BMWに乗るという人はやはりいます。けれど、都心のタワーマンションに住んでいるからこそクルマはいらないという人もいる。タワーマンションもＢＭＷも興味のない人もたくさんいて、そういう人は中央線に多いかも（笑）。

つまり、東京全体を外から見るとさほど変わっていないようだけど、内実は、富と価値観によって住む場所が分かれてきている。昔は港区にも港や川沿いの工場や倉庫などで働く労働者階級はいたけど、今あんまりいない。労働者の街をつぶしてタワーマンションやオフィスビルを造ったわけですから、貧乏な人は別の町に行くしかなくなった。堤さんは、こういう東京は好きじゃないかもしれない。

最近の都市計画では、一九六〇年代ニューヨークで近代的な都市計画を批判した市民活動家ジェイン・ジェイコブズが人気です。堤さんが一九八六年に「つかしん」でやろうとしたことは、今思うと、おそらくジェイコブズ的な街づくりでしょう。

そんなことは一九八六年には理解する人は少なかったはずです。街をつくって、池をつくって、赤とんぼを飛ばすためにヤゴをまいたわけですから。それを狂気の経営だと批判した人もいました。そりゃ、予言者は一種の狂人ですからね。批判した人が凡人だっただけです。

三十年前につかしんができたころは狂気だけれど、今なら誰もが堤さんの意図を理解するでしょう。少なくとも建築や都市計画を勉強している学生ならね。今の若い建築家が発想するのは大概が堤清二的な都市計画、堤清二的な街づくりですよ。

僕は数年前につかしんを再訪しました。面白いですね。普通のショッピングモールとは違う。イオンモールとはまるで違います。昔の商店街っぽいんです。ですからきっと堤さんの思いは、ある程度、実現したのかなと思いましたね。

しかも本当に赤トンボが飛んでいたんです。びっくりしたなあ。天国に報告しましたよ。「堤さん、本当に赤トンボが飛んでいますよ」って。

第二部

街を動かす女性

9章　女性から見た都心集中

女性が男性なみに多い現在の東京

いつの時代も東京には全国から若い世代が流入してくる。そして、まず最初に都市に集まるのは若い男性であるのがこれまでの通例であった。従来大都市の若年未婚男性が未婚女性よりも多かったのは、大都市の労働力需要が女性よりも男性に対して大きかったからである。肉体労働は圧倒的に男性の仕事であり、そしてホワイトカラーの仕事については、昔は男性の大卒者の数が女性のそれよりもずっと多かったからだ。

しかし最近の23区の人口を男女別に見ると、25～34歳の若い世代で、近年、男女差が縮まってきている（図1）。肉体労働への需要が減少したこと、女性の大卒者が増えたこと、かつ若

図1　23区の25～34歳の人口（国勢調査より三浦展作成）

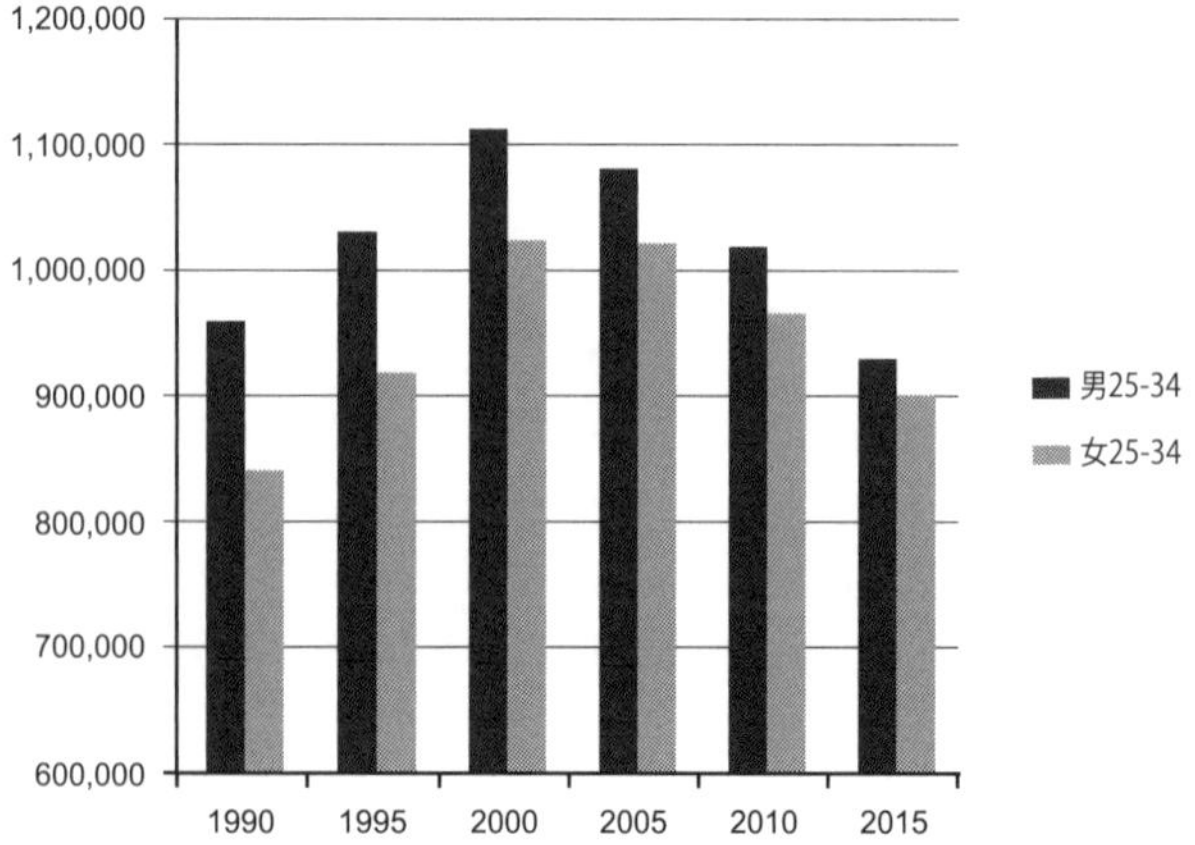

年人口の減少により男性だけでは人手不足となり、東京が男性と同じくらい女性のホワイトカラーを必要としはじめたことがその理由であろう。あるいは女性が好む仕事が多様に大量に都市に存在しているという事情もある。つまるところ現代では、女性がすぐに結婚せずに仕事をし続けるようになったとき、地方より、あるいは郊外より、都心部が選ばれる傾向が強いのだ。

女性のほうがたくさん東京に転入している

したがって、東京都への転入者数は近年男性が減少傾向にあるのに、女性は横ばいである。若年人口が減少していることを考慮すると、東京都以外に住んでいた女性が東京都内に転入してくる割合は近年上昇していると考えられる。

また東京都への転入超過人口を見ると、二〇〇七年までは男女がほぼ同じだったが、近年は女性の転入超過人口が男性よりも多くなっている。さらに第二次ベビーブームのおかげで、40代前半については二〇一五年の東京都の女性未婚者数は二〇〇〇年の男性未婚者数よりも多くなっている。

未婚女性が多く住んでいる町はどこか？

では現在、未婚女性は東京23区のどこに住んでいるか。二〇一五年の女性の未婚率を区別に見ると、新宿区が39％で最も高く、以下、渋谷、豊島という副都心が並び、次いで、中野、目黒、文京、杉並という都心およびその西側の区が上位を占めている。未婚女性が働く場所がそうした地域に多い、あるいは一人暮らしの出来る年収のある女性が住みたがる街がそれらの地域に多いのであろう。

男性未婚率は、やはり新宿区が45％とダントツの一位であるが、二位は荒川区の36％である。以下、豊島、中野、大田、墨田となっており、板橋、葛飾、北、台東も比較的上位に位置する。

女性未婚率が副都心およびその西側で高いのに対して、男性は下町、かつて工場地帯の多かった区で未婚率が高いという傾向があるのである。これはそれらの地域に収入が低い男性が多いことも一因であろう。

次に、一九九五年から二〇一五年にかけての未婚者の増減を見る。すると一九九五年には、未婚女性が未婚男性より多い区は、港区、目黒区、渋谷区の三区だけだったし、男女差もわずかだった。また、それら三区の未婚女性数は、一九九五年から二〇一五年にかけて伸びが顕著である。加えて二〇一五年は、中央区、文京区、世田谷区、杉並区の四区でも未婚女性が未婚男性より多くなっている。かつ中央、港、渋谷、目黒、世田谷、杉並という六区では、女性が男性より数千人ほど多くなったのである。

また、一九九五年から二〇一五年にかけて未婚女性が増加したのは千代田区、中央区、港区、新宿区、文京区、台東区、墨田区、江東区、品川区、荒川区など十六区ある。それに対して、未婚男性が増加したのは千代田、中央、港、新宿、台東、墨田、江東、荒川の8区だけである。男女ともに未婚者が増えた区であっても、未婚女性の増加数は未婚男性の増加数よりずっと多い（台東区だけ男性のほうが多く増えた）。

中央区の未婚女性は十五年間で六千人増加

次に、未婚者の増加が著しい中央区と港区の未婚者数を年齢別に見てみる。中央区は二〇〇〇年には男性のほうが女性よりも未婚者が多かった。たとえば30～59歳の未婚男性は四六三七人、未婚女性は三八五五人だったのだ。

ところが二〇一五年は、30～59歳の未婚男性は三三七〇人増えて八〇〇七人、未婚女性は六千人近く増えて九八二八人となった。都心である中央区が未婚の働く女性に選ばれるようになったことがよくわかる。

また、未婚男性は30代から40代の人口が増えているが、二〇一五年の45歳は二〇〇〇年の30歳よりもずっと少ない。つまり、男性は結婚などの理由で中央区を出て行った人が多いと推測できる。

対して女性は、二〇一五年の45歳は二〇〇〇年の30歳よりも多い。つまり中央区に住んだ未婚女性はその後もずっと中央区に住み続け、かつ新たに同年代の女性も流入してきたケースが多いと言える（図2）。

港区もだいたい似たような傾向があり、30～40代の未婚女性が増え、男性と比べて港区内に

図2　中央区の未婚男女の人口 2000 年と 2015 年（国勢調査より三浦展作成）

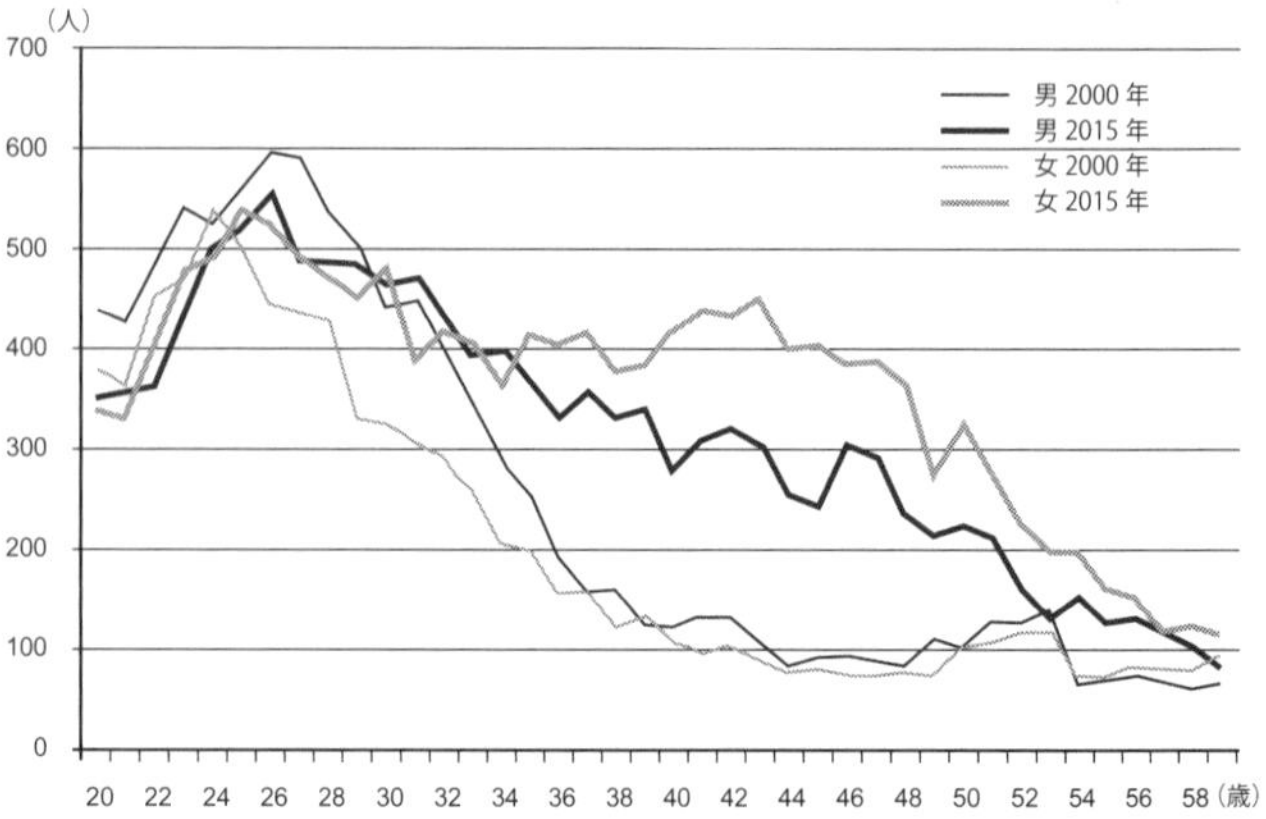

定着する傾向がある。

未婚女性はイメージの良い山の手を好む

次に、「国勢調査小地域集計」により未婚者数の増減を町丁別に見る。すると、未婚女性の増加数の一位は江東区南砂二丁目である。ただしここは男性未婚者の増加も多い。第三位の新宿区大久保二丁目は外国人の増加のためであろう。ここも未婚男性のほうが多く増えている。

女性のほうが男性よりも増えた地域を見ると、杉並区の町丁が多いことが特徴である。中央線、東西線、丸ノ内線、井の頭線があり、東京駅、日本橋、新宿、赤坂、渋谷、青山など多方面に通いやすいことが理由であろう。働く女性にとっては住みやすいのだ。

ただし先ほど見たように、杉並区全体では未婚女性は減っている。同じ区内でもより便利な地域で増えているのだと思われる。詳しく調べると、駅近くの町丁は未婚女性が増えているが、駅から遠くだと減っていることが多いようである。

他にも渋谷区笹塚、幡ヶ谷、中央区佃では未婚女性の増加数が男性を凌ぐ。いずれも新宿、日本橋、汐留方面に近いところである。未婚の働く女性にとって会社の近くに住むことはかなり重要な条件なのである。

次に女性未婚者の男性未婚者に対する比率を見る。比率が130％以上170％未満の（つまり女性のほうが多い）町丁は、いわゆる人気のある住宅地が多く、東急東横線沿線を中心に西南部に広がっている。また港区の白金台、六本木、文京区の音羽、駒込、渋谷区の恵比寿、松濤、世田谷区の太子堂、玉川台、奥沢、杉並区の荻窪、西荻北、善福寺など、山の手の高級住宅地が多く挙がっている（図3。なお170％以上の町丁は、各種の女子寮があることが多いようなので省いた）。

逆に、未婚女性の未婚男性に対する比率が40％以上60％未満しかいない（つまり未婚男性のほうが多い）地域を見てみると、下町、かつて工場地帯が多かった町が挙がってくる。土地の知名度が低い町だとも言える。華やかな消費の町とは対極の町である。町にブランド力がない町

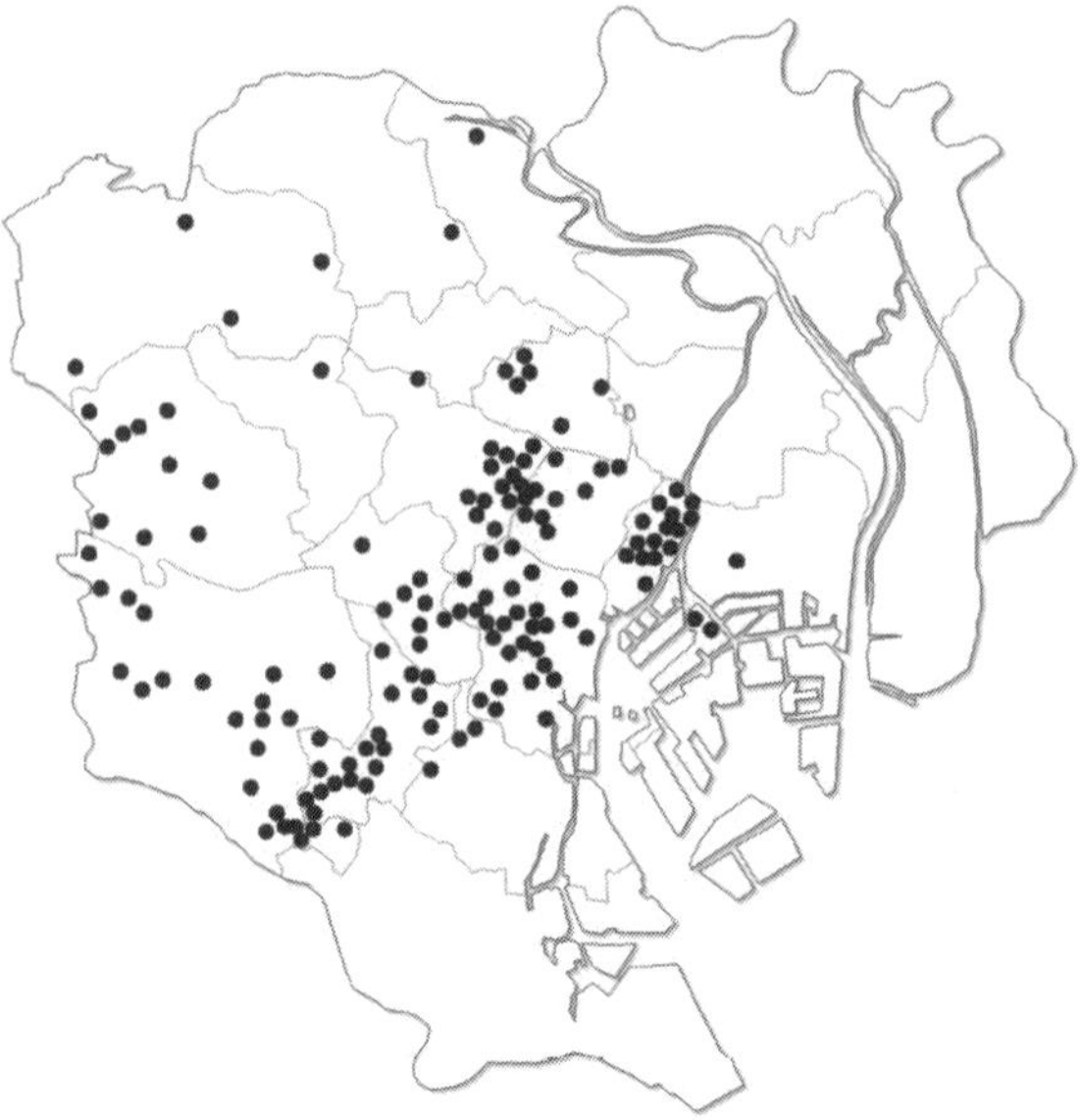

図３　未婚女性数の未婚男性数に対する比率が高い地域（130％以上 170％未満）

図４　未婚女性数の未婚男性数に対する比率が低い地域（40％以上 60％未満）
（国勢調査より三浦展作成）

だとも言える。こうした町は、どうも未婚女性は好まないようである（図4。未婚女性の割合が40%未満の町丁は、男子寮などがあるためと思われたので省いた）。

都心は未婚一人暮らし世帯の女性が多い

先に述べたように、都心に移り住んできた女性の中には、フルタイムなどで男性並みに働く女性も多いと推測される。そこで、「国勢調査小地域集計」をもとに、女性の15歳以上人口総数に占める就業者数の割合（＝就業率）を23区の町丁別に見てみる。

もちろんこの就業率は、雇用形態、年齢、配偶関係、一人暮らしかどうかなどは考慮していないが、高齢女性や学生や専業主婦が多ければ就業率が下がり、学歴、収入、一人暮らし世帯率が高い地域では就業者率が上がるはずである。

女性就業率の23区平均は37.5%なので、47%以上を地図にしてみた。すると、千代田区、中央区、江東区の町がたくさん挙がってくる。具体的には、日本橋、銀座、さらに江東区の清澄、森下、高橋、常盤、佐賀、木場、墨田区の吾妻橋、立川などが上位に来ている（図5）。

これらの地域はほぼ隅田川沿いかそれに隣接する地域であることから、働く女性たちの多く

図5　女性就業率が47%以上の地域（国勢調査より三浦展作成）

がウォーターフロントなど都心部のマンションに住んでいることが推測される（なお女性就業率が最も高い三つの町丁は明らかに何らかの寮や宿舎があるので省いた）。

また、女性就業率が高い地域をよく見ると、新宿区では神楽坂、飯田橋、四谷界隈の町があがっている。これらの町は、電車路線数が多く、どこに通うにも便利であり、飲食店も多いため、近年、特に働く女性に人気の町である。

ちなみに今回地図にした最低ラインの47%台には、渋谷区恵比寿南一丁目、杉並区西荻南三丁目が挙がっている。いずれも恵比寿駅、西荻窪駅に隣接する地区である。また、恵比寿と西荻窪は30代一人暮らし女性が住みたい街の上位に来る街でもある。駅に近く、女性が一人で入りやすい飲食店が多いことが人気の理由であろう。

また女性の専門職比率が高い地域を見ると、千代田区御茶ノ水から文京区にかけて、あるいは新宿区の飯田橋、神楽坂、市ヶ谷方面、そして渋谷、世田谷、中野、杉並などの西南部の山の手に多く、未婚女性が未婚男性よりも多い町丁の地図と近い。

女性就業者に占める事務職比率の高い町丁を見ると、これも必ずしも中央区などの湾岸部に多いとは言えない。販売職、サービス職、ブルーカラーを見ても湾岸が多いとは言えない。つまり湾岸地域に住む女性は就業率自体は高いが、特定の職業に偏っているわけではなさそうである。パートタイムを含めてあらゆる職種の女性が住んで働いていると考えるのがよさそうである。

産業構造の変化、女性の社会進出と都心の変貌

最後に一九二〇年の東京市「市勢調査」により、当時の町丁別に男性が女性より30％以上多

図6　1920年において男性が女性より30%以上多い町丁
（東京市「市勢調査」より三浦展作成）
注：旧東京市15区のデータを使ったので、世田谷など周辺の区のデータはない。

い地域を地図にしてみた。

　すると、中央区はほぼ全域で多く、千代田区も皇居の北側の旧・神田区や、麹町、日比谷、有楽町、内幸町、そして港区の古川沿いから海側の旧・芝区で男性比率が高い地域があることがわかる（図6）。労働者、官僚、学生が多く、そのため男性が多かったのだと思われる。

　これを先ほど見た女性就業者率が高い地域の地図と比べると、日本橋を中心に隅田川沿いと旧・神田区方面に広がっている点は同じである。また未婚女性比率が高い地域の地図と比べても、中央区、旧・神田区、新宿の四谷側などに広がっている点は、一九二〇年の男性比率が高い地域と共通性がある。

このように現在女性が好んで住む地域と、かつて男性比率が高かった地域はかなり似ているのである。それはつまり、かつて都心部において、肉体労働もホワイトカラーも若い男性の労働力がより多く必要とされたのに対して、現在は、女性の労働力もかなり必要とされるようになったということに他なるまい（詳細は拙著『都心集中の真実』参照）。

都心と郊外のジェンダー問題

かつて男性比率が高かった地域は、工場、港、倉庫、商店、問屋などの商工業施設が集積し、多くの肉体労働が必要とされた地域である。その地域特性は高度経済成長期まで基本的には続いていた。

それが高度成長期に次第にオフィスビルになり、職住一致や職住近接で働いた人々は郊外に住むようになった。さらに一九七三年のオイルショック後に産業構造が変わり、重厚長大産業が衰退し、工場、倉庫が不要になっていった。それがまたオフィスビルに建て替わり、さらに二〇〇〇年以降はマンションになった。

そこに新規に住民が流入してきた。その住民に女性が多かったのだ。だから一九二〇年の男性比率が高い地域と、百年後の現在において女性の就業率が高い地域とに共通性が生まれるのである。

一九八〇年代までは、都心と郊外という職住分離、仕事の生活という機能の分離を前提に大都市圏がつくられた。それは、都心で働く男性と郊外で家を守る女性というジェンダー分離でもあった。

だからこそ、男性と同じように大学に行き、会社で長く働く女性が増えれば、女性が郊外に住むことの合理性はなくなった。女性も、いや女性こそが職住近接で働きたいと思うようになったのだ。女性のほうが長い通勤時間に耐えられないし、結婚すればやはり家事や育児の役割はどうしても女性が多く負担するのだから、職住近接は必須だった。

だが、この変化に、大都市圏の構造を考える専門家たちは気づかなかった。そのことが出生率の問題に大きな影響を与えることになったのである。今や多摩市の出生率は1.2ほどなのに中央区は1.4である。かつて子育て期の家族のためにつくった郊外ニュータウンよりも、都心のど真ん中のほうが未婚女性も子供を産む女性も多いのである。従来の都心と郊外という図式を超えたまちづくりをしていかないと、女性は郊外を捨てることになるだろう。

だが面積の狭い都心だけで子育て期の家族を吸収しきることはできない。やはり郊外にも子育て期に家族が住むようにしないといけない。だが今後は、郊外を専業主婦だけの場所にするのではなく、男女ともに、あるいは高齢者も、郊外で住みかつ働く場所に変えていかねばならない。そうしなければ郊外に未来はないのである。

10章　不動産業の発想の大転換が必要

おしゃれな街より古い街をリノベ的に住む時代

新築信仰が弱まりリノベーションした住宅に住む人が増えたのは団塊ジュニア以降の特徴ですが、それでも持ち家志向はけっこう根強かったなという気もします。新築タワマンも売れました。親が資金援助したケースが多いので、親から見ると資産価値の高い新築なら金を出す、ということもあったかもしれません。三十年前、開発されたばかりだった新百合ヶ丘に先物買いで買った人達と同じで、安く買ったらそのうち価値が上がると考えてる人たちなのでしょう。

また言うまでもなく都心にマンションを買う女性が増えたのもこの二十年の傾向です。三菱総研の「生活者市場予測システム」によると、首都圏に住む団塊ジュニアの持ち家率はここ二、三年で非常に増えています。オリンピックの影響もあるかもしれません。

キャリア女性は男性よりもさらに利便性を意識します。静かな住宅地も人気ですが、徒歩五分以内がいいし、仕事帰りに立ち寄れるワインバーやバルなどがある街が選ばれる。羽田空港に近い、新幹線の駅に近い街が好まれるのもキャリア女性で顕著な傾向です。昔の専業主婦だったら自由が丘や吉祥寺、あるいはたまプラーザのような、ちょっと遠くても洒落た街を選んだでしょうが。

古くても良いものを選ぶという傾向もあります。例えば、私の仕事場のあるマンションは築五十年ほど。ところがここ十年で価格はリノベ前の部屋でも五割は上がっている。駅近で、施工も管理も良いという情報がネットなどで伝わったのでしょう。デザインも今の若い世代が好む少しレトロな感じなので30代の夫婦がよく買っています。逆に同じ地域のなかでも、安くても不便なもの、質の悪いものはいつまでも売れない。

女性が汚い店を好むようになった

また、かつて焼肉屋やホルモン焼き屋に入る女性はごく少数でしたが、今ではそれほど珍し

飲み屋街に女性が増えた（中野）

い存在ではありません。店が多少汚くても、安くて美味しいものが食べられるなら躊躇しない。プチ旅行をしているような非日常性を楽しんでいるとも言える。彼女たちはかつてだったら自由が丘に住みたい、ダメなら隣の緑が丘、大岡山を選んだのでしょうが、今は蒲田や大井町を選んだりもする。

そのため昔は労働者の町とされ、女性受けの悪かった荒川区は二〇一七年以降地価上昇が著しく、人口が増えています。なにしろ都心に近いですし、谷根千も近い。ギャンブル、風俗のイメージが強かった川崎駅周辺もラゾーナ以降人気です。日暮里舎人ライナー沿線のように開発が遅れていた地域も住宅が増えている。歓楽街を歩いたりスナックに行くのを楽しむ女性も増えたのと並行して、下町的な地域が女性からも敬遠されなくなりました。たとえば西荻が好きな女性の典型タイプは、高学歴で30代で一人暮らしの女性です。だが人口全体の中でそういう女性は数としては少ない。そのため、その人たちが評価しても全体のランキングにまでは反映されない。

これは他の街でも言えることで、たとえば、東急田園都市線のたまプラーザは女性に人気が高いですが、働く女性、特に子どもがいる働く女性で見ると順位が下がる。全体ランキングを見ても仕方がなくて、どんな人がどんな街を好むのか、属性別の細かな分析が必要です。

郊外再生の方法

では、逆にその彼女たちに選ばれているのはどこか。横浜でいえば横浜駅のある中心部の西区です。埼玉県、千葉県でも、さいたま市、和光市、千葉市、船橋市など都心に直結した地域が好まれます。職住近接志向です。

郊外再生はまだ議論が始まったばかりですが、私の本で言えば二〇一二年の『東京は郊外から消えていく!』(光文社新書)からで、この本は首長さんたちがけっこう読んでいる。私も、さいたま市、川崎市、所沢市、狭山市、春日部市、東村山市、大宮区などなど、多くの自治体に講演で呼ばれました。

しかし今のところ、郊外で人口が増えているのは大規模マンションができたところです。中古戸建てをリノベーションするのでは大きく人口は増えませんから、どうしてもタワマンなどに頼らざるを得ない。しかし、新築タワマンに引っ越してきても子どもが大きくなったら、やっぱり戸建てが良い、せっかく郊外なんだし、という人は増えるはずで、そういう人たちに中古戸建てをリノベで住んでもらい、戸建てに住むのが面倒になった高齢者にはマンションに引っ越してもらう。そういうように、地域のなかで住宅を循環する仕組みをつくっていくことも今後は求められるでしょう。

ゴールデン街のない新宿に人は来ない

私の「住みたい街調査」を分析すると、たとえば同じ港区でも広尾を選ぶ人と六本木を選ぶ人は違う。広尾に住みたい男性は料理をするし、夫婦揃って生活を楽しもうとする人達という傾向があります。ところが六本木を選ぶ男性は料理はしないんです。仕事とお金が最優先なの

恵比寿横丁

新宿ゴールデン街

でしょう。このように、街によってどんな人が好むか、集まってくるかは異なり、その積み重ねによってまちの個性というものが形作られる。これからも選ばれる街であろうとするなら、どういう人を集めて、どういう個性の街に変えていくかを構想するべきです（『東京郊外の生存競争が始まった！』『首都圏大予測　これから伸びるのはクリエイティブ・サバーブだ！』光文社新書、参照）。

同じ沿線の隣の駅前にタワーマンションができたから、と、競うように同じものを作っても個性のあるまちにはならない。再開発は安心、安全、清潔なものをつくりがちですが、今は女性自身が変わり、もっと多様性がある。猥雑な飲み屋街も好まれるようになってきている。清潔、安全一辺倒で無個性な街では選ばれない。渋谷駅前では超大規模の再開発をしていますが、のんべえ横丁は残すことにしました。だからこそ世界中からたくさんの人が集まる。ゴールデン街のない新宿にも人は来ないでしょう。

街の個性に合わないビルを建てても埋まらない

不動産会社、不動産オーナーは商業ビルを造ってテナントを入れれば人が集まると思ってい

渋谷のんべえ横丁

ますが、そうではありません。西荻でも新築飲食ビルの一階がまだ空いている。モノを買わない時代には人は人と交流したいと思っている。それでなんだったら料理も出しますよというスタイルがよい。コワーキングスペースなどのオフィスでもキッチンのあるものが人気だそうです。

今は、商業に人が集まるのではない。そこでは個人個人は交流しないからです。今、人は、見知らぬ他者と出会い、新しい発想や行動につながる出会いを求めている。特に郊外では今後は人が集まる場が必要になってくる。私が郊外でのスナックが大事といっているのはそうした意図です。昔ながらのスナックではなくて、多世代交流の場としてのスナックが必要です。

しかしリタイア後の男性が始めたジャズバーはまず失敗します。西荻でも二軒つぶれました。同じ場所で若い女性がアニソン喫茶をはじめたら大流行したという事例があります。

人と出会える街が求められている

定年男性の始めたジャズバーだと閉鎖的な印象で、人の交流感がないのでしょう。でも女性が始めた店は続く。女性はおしゃべり、コミュニケーションが得意だからでしょう。その意味

青梅だるま市

では女性の力を使うことは重要。それはプロでなくても、住宅地の中のママかもしれない。ママはまずママ友と飲んだり食べたりおしゃべりしたりする場所が簡単につくれる。そこに子どもも来る。おじさんも集まる。そういう内発的な力が発現しやすい場所を提供していくことが大事です。

少し前に、ある大手不動産チェーンの社員と話していて、その人が東京R不動産を知らないことに驚きました。不動産業界にいるのに、その業界で近年ずっと新しい面白いことをやり続けてきている会社を知らない。情報源が狭すぎる。西荻窪にある「okatte《おかって》にしおぎ」とかも知っていて欲しいけれど、知らない人がほとんどでしょうね。

なぜならR不動産も「okatteにしおぎ」も、旧来の不動産事業ではないからです。不動産業界の中の情報としては流れにくいのでしょう。だから別の情報源をとるべきです。ネット上には面白いまちづくり情報はいくらでもある。それを見るところから始めないといけません。

先日、青梅のだるま市という祭りを見に行ったら大変な人出でした。他方、近くのショッピングモールは不調だそうです。モノ消費からコト消費といわれますが、祭りに集まるのもコト消費でしょう。いや消費ですらない。人が集まって元気に楽しそうにしている場所が求められているのでしょうね。

（聞き手＝中川寛子）

11章　子育てが自分の街をつくる

祐天寺を知っていますか？

東急東横線・祐天寺駅で降りたことのある人はどれくらいいるだろう。渋谷から代官山、中目黒に次いで三駅目。とても近いがちょっと地味な駅。特に有名な店があるわけでもなく、雑誌で特集されることもない。静かな住宅地なのである。だから住んでいないかぎり、あまり立ち寄らない駅だ。

私は新入社員のとき、祐天寺に住んだ。深夜に帰宅し寝るだけの暮らしだったから、街を歩いたことは少ない。日曜日にたまに出かけても、商店街の店はほぼ定休日だった。だからますます街を知る機会がなかった。

こういう地味で静かな住宅地に、今新しい動きがある。代官山や中目黒からだんだんと店が浸みだしてきて、祐天寺にもブティックやカフェが増えてきたことが一つ。

もう一つは、二〇一八年十月一日に東急電鉄が駅ビルを開業させたこと。といっても単なる商業ビルではない。保育園と、シェアオフィスを含む小規模事業者向けのオフィス、「etomo祐天寺」という商業スペースからなる六階建ての小さな駅ビルだ。

子育て支援、働き方改革、ベンチャー育成などの社会的気運が高まるなか、東急電鉄としても新しい試みを各地で展開し始めているが、祐天寺もその一つである。

ビルの二階にある保育園は東急電鉄100％子会社の株式会社キッズスペースが運営する保育園「KBCほいくえん祐天寺」。定員四十八人。

開園時間は朝7時30分から夜20時30分。延長料金はなし。保護者はおむつ持参不要。園内で給食調理をするのでお弁当も不要。必要に応じて夕食も提供してくれる。土曜日も保育可能。どれも働く親にはうれしいサービスだ。

三階から六階が株式会社リアルゲイトが運営するスモールオフィス「ポイントライン」。30㎡から40㎡のオフィスが二十区画と、七席からなる月極めのシェアオフィス、共用のミーティングルーム一室がある。

面白いのは、ポイントラインに入居する人はＫＢＣほいくえんに優先的に子どもを預けることができるという点。祐天寺駅周辺は目黒区の中でも二番目に待機児童が多かった地域なので地域住民も優先して保育園に預けられるという。

自分の街だという実感が湧いてくる

また、シェアラウンジの横のシェアオフィスでは、保育園に子どもを預けているがオフィスには入居していない保護者が働くことができる。そのため保護者とオフィス入居者との交流も生まれやすい。

さらに、園児がオフィスを見学に行ったり、オフィス入居者が園児向けのイベントを定期的に開催するなど、オフィスと保育園が相互に交流するようにしている。

屋上もオフィスワーカーや園児が利用できるようにしており、シンクも付けたので、バーベキューパーティも可能。そうした交流活動の中から新しいビジネスのチャンスも広がることが期待されるわけだ。

シェアラウンジでは、隣の学芸大学駅近くの書店「サニーボーイブックス」が選んだ書籍を並べた本棚がある。このビルの特性と時代を反映して、コミュニティ、環境、食、ライフスタイルなどの書籍が並ぶ。

またシェアラウンジやオフィスからは駅前ロータリーが眼下に見え、なかなか眺めがよい。園児たちもバスが見えるのがうれしいという。六階建てという小さなビルなので、祐天寺という街を自分の街として実感できる距離感なのだ。

祐天寺の駅ビルにできた「ポイントライン」
（写真：東急）

祐天寺に夫婦で住んで、自宅から十分程度で駅ビルの保育園に子どもを預け、夫はポイントラインで働き、妻は渋谷に勤めに行く、そんな暮らしが浮かんでくる。

ラウンジの書籍を選んだサニーボーイブックスは、学芸大学駅周辺のマップを自分でつくっていたが、そのセンスを買われ、東急電鉄の依頼で「祐天寺おでかけマップ」を作成した。マップを見ると、先ほど書いたように、新しいカフェ、ギャラリー、イタリア料理店などが増えている。と同時に、地元の名店らしいホルモン屋や居酒屋もちゃんと描いてあるのがうれしい。

私もそうだが、個人や小さな会社で働く場合、仕事に行き詰まったときにリフレッシュする場所がとても重要だ。

大きな会社なら社内の談話室や喫煙所で別セクションの同期社員に会い、世間話をしているうちにアイデアが浮かぶ、ということがある。

しかし個人営業では、そういう仲間がいないので、街に出て、散歩をして、本屋で立ち読みをして、おいしいコーヒーを飲んで、窓から店を眺めてというように、サードプレイスで過ごす時間がとても大事なのだ。

二〇二〇年以降完成する渋谷駅周辺再開発により、渋谷周辺にも多くの小さな企業やクリエ

駒沢通り沿いなどに新しい店が増えている

古い店や大衆的店もある

イターが集まることが予想されるが、住宅地だった祐天寺にもそうした集積が期待されるだろう。

従来型の商業施設やオフィスビルを建てるだけでなく、子育てをしながら働く人々を支援することによって街は驚くほど変わるのだ。

東急電鉄としては今後自由が丘、さらに郊外の駅でもこうした取り組みを展開する予定だ。

少子高齢化を止めるためにも新しい街づくりをすべき時代はもう来ている。

12章　働く母親が街を元気にする

東村山での講演より

十年ごとに変わる郊外の課題

私は三十年以上前に『「東京」の侵略』という本を出しましたが、これは新所沢パルコの出店マーケティングをベースにしながら作った郊外論です。それ以来、約十年サイクルで郊外の状況は変わっていきました。最初はどんどん人口が増え、しばらくすると、家族の問題や少年犯罪が増え、また少しすると、郊外の人口が減り始めました。このままだと空き家が増えるといった時代になり、その都度研究をしてきました。

郊外だけではなく、様々な都市や繁華街の研究もしており、吉祥寺が住みたいまちとしてなぜ人気があるのか、また最近は、郊外と反対の東側の下町で若者が遊んだり飲食したりすることも増えており、その魅力はどこにあるのかといったことも研究してきました。

人口の動向を見ると、近年、都心回帰、都心集中と言われています。バブルの頃は、23区は高くて住めないため人口が減ってきましたが、一九九〇年代末以降は人口が増えてきました。特に中央区、港区などの湾岸にタワーマンションがたくさんできたことにより人口が増えました。

二〇〇五年~二〇一五年でどれだけ増えたかを見ると、23区は20代、30代を増やしました。一方、23区以外の日本全国では、20代、30代が減っています。日本中で減った20代、30代の七割が23区に集まったのです。

一方で、地方のみならず郊外でも人口をかなり減らした地域が出てきました。例えば、春日部市はほとんどの年齢で十年前より人口が減ってしまいました。横浜市瀬谷区なども同様です。

他方、Uターン型というタイプもあり、20代で一旦出て行きますが、子育て世代が戻ってくる例として町田市、川越市などがあります。

都心並みにどんどんマンションを増やして人口を増やしたのは川口市、横浜市西区です。船橋市もマンションや戸建てが増えて同じ状況です。この三つは、30代を増やした地域ですが、浦和市は40代まで増えています。越谷市は巨大なショッピングモールができ、その周りに住宅地ができたことにより、やはり40代まで増えています。

東村山市を見てみると、住宅の供給などにより、若い人も40代も増えており、よく頑張っている印象です。

女性に選ばれる街か

今、人口の動向を考えるうえで重要なのは、女性に選ばれるかということです。車や家電、住宅などを購入する際、最後に決めるのは女性です。実際、若い女性は23区内に集まっており、23区内への転入人口を見ると、若い人では男性より女性が多くなっています。これは都市の歴史上珍しい状況です。都市というのは普通、若い人は男性が多いのです。しかし、今は男女に関わらず働く時代です。女性が求める仕事ほど都心部にたくさんあり、それにより男性より女性が集まって来ているのです。（9章参照）
中央区の二〇〇〇年と二〇一五年の人口を比較しますと、男性よりも女性の方が増えています。都心の人口増が女性によってもたらされているということがわかります。郊外にある多摩市と中央区がともに人口十五万人くらいなので比較しますと、多摩市では未婚の人口は若い人

中央区のタワーマンション

は多いですが、年齢が上がるとともに段々減っていきます。中央区は歳が上がっても変わらず、40歳代になっても未婚女性がたくさん住んでいます。有配偶女性数で見ますと、多摩市より中央区の方が多いです。つまり、中央区には結婚しても住み続けている女性が多いということです。

さらに25歳～39歳までの出生数は多摩市より中央区の方が多いです。多摩ニュータウンなどの郊外は、本来、子育て期の人に利用してもらうためにつくられたのですが、今では中央区の出生率の方が高く1.42で日本全体と同じレベル、多摩市は1.16に留まっています。

また、中央区の女性はずっとフルタイムで働き続けますが、多摩市はパートタイムの方が多い状況です。中央区の方が郊外よりも、未婚女性、既婚女性、出生数、働く女性が多いのです。言い換えると、働く女性が住みたい、働きたい、働きやすいということが、その地域の人口や出生数、出生率も増やすということです。昔ながらの郊外のままでいると、女性が出て行ってしまう、人口も出生数も減るということです。

専業主婦のための郊外ではだめ

郊外を発展させるには、専業主婦で子育て中という女性を中心に考えるのではなく、女性が働き続けることを前提にしなくてはならないというのが近年の私の考えです。実際に、働きやすい、通勤しやすい郊外の人気が上がっている傾向にあるのではないかと思います。

住みたい街ランキングで、大宮が吉祥寺に次いで四位になっています。大宮は交通が便利で新宿方面も東京方面も通いやすく、新幹線で出張しても家にも戻りやすいなどといったことが評価されているのだと思います。商業施設なども多いです。新たな都市的な郊外、女性も働きやすく通勤しやすいといった郊外が求められる時代が来ていると考えています。30位以下を見ても、和光、川越、流山といった郊外のまちが、三軒茶屋、下北沢といった世田谷区の繁華街と同レベルで住みたい街に選ばれ、順位を上げています。

色々な政策、努力により減るものを増やすことはできます。働きやすい、楽しく働ける、発想が湧いてくるようなまちをつくることです。

また、郊外というのは、昼の子育てのまちとしてつくられているので、夜の娯楽が足りません。働く人が増えると、夜の娯楽が必要です。

それから空間や人的資源などをシェアできるまちです。これから高齢化していく社会の中で、皆が助け合い、シェアし合うことが大事です。

流山市は高学歴女性の創業も支援

郊外の中で、人口減少対策にいち早く取り組んで成功しているのが流山市です。30歳代、40歳代の人口が多く増え、子どもも増えました。子育て支援、教育支援などもしましたが、会社員ではなく、地元で起業しようとする母親の支援もしています。実際に起業した母親が、ある会社のサテライトオフィスを南流山駅前に持ってきました。母親たちが空いた時間に仕事をすることができます。高学歴でキャリアのある女性も多くなってきているので、能力を活かせるクリエイティブで収入の高い仕事はないかと考えますから、先端的なインターネットを使った

多摩ニュータウンの建築事務所で行われる建築スナック

仕事などがあるとよいと思います。

その他の地域でも、起業する母親は増えています。町田市の玉川学園ですが、自宅の二階を会社にして五十人を雇っている母親もいます。近所の母親が空いた時間に仕事をしています。また、リクルートは全社のほぼ八割が家から三駅以内にサテライトオフィスがあるといった状況になっています。会社に行かなくてもサテライトオフィスで仕事ができます。例えば、東村山駅にサテライトオフィスがあれば他市からも来て働けます。

座間でも23区から転入してくる

小田急線の座間市は、小田急の社宅をリノベーションして賃貸マンションにしたところ、入居者の半数以上が23区内から引っ越して来ました。カフェなどもあり、夜少しお酒を飲むことなどもできます。流山市でも夜カフェといったイベントを駅前で開催し、親も子どもも一緒に夜の娯楽を楽しめるなどの工夫をしています。また、旧街道沿いの古い商店はリノベーションをし、世田谷区からレストランを誘致するなどしています。

横浜の住宅地でも、古い住宅を改造し、近所のお母さんなど、市民自身がスナック、バーの運営をしていますし、東村山より遠い郊外の鳩山ニュータウン（埼玉県比企郡）でも若いアーチスト夫婦が空き家を利用して色々な活動をしています。

多摩ニュータウンでも、若い建築家夫婦が自分の事務所をコミュニティスペースやスナックのように使うなど、ニュータウンを盛り上げる活動を行っています。

このように、これからの郊外は働く女性が鍵であると思います。元気な母親たち、女性たちがまちをもっと元気にしようと活動してくれると皆盛り上がってきます。そういった元気な女性たちが住みたくなる、選ぶまちでなければならないと思います。

第三部

シェアとケアの場所

13章 共異体、再・生活化、パブリック

「共同体」ではなく「共異体」

私は二十年前ほどから、若者たちのあいだに「脱・私有」的価値観が生まれていることを指摘してきた（『「家族」と「幸福」の戦後史』講談社新書）。「脱・私有」的行動の一部が「シェア」だが、「シニア」について多くの人に理解を得られていると実感できるようになったのは、『これからの日本のために「シェア」の話をしよう』（NHK出版）を出版した前あたりからだった。

二〇一三年に女性を対象とした国立研究開発法人建築研究所が行なった調査によると（私も少し協力した）、七一一人の未婚一人暮らしのうち24歳以下で42％、25歳から29歳までで31％が、シェアハウスに住んでみたいと思っている。

また二〇一三年にリクルート住まいカンパニーが、東京、神奈川、千葉、埼玉における自社物件の賃貸契約者のひとり暮らしを対象に行なった調査によると、5％ほどがシェアハウスに住んだ経験があると回答している。

この数字は累積していくので、一度住んだだけで今は違うという人も含めて、シェアハウスに住んだことがある人、これから住みたいという人を合わせるとかなりの数字になるはずだ。つまり、キッチンやバス、トイレを共用することはごくあたりまえの経験になっていくだろう。数年前まではシェアハウスで赤の他人同士がトイレを共用できることに対して不思議がる人がかなりみられた。それはシェアハウスを共同体だと考えるからだ。

しかし、共同体と見なされる血のつながった家族の場合であっても、子どもが高校生以上になれば、バス、トイレを共用しているだけといってもいいくらい、生活はばらばらになる。そうなると、それは家族なのかという問題が出てくる。

上野千鶴子が言うように、家族というのは共食を基本としている。だが、核家族というのは実は共食をあまりしなかった。なのに家族らしさを演じなければならないところにひとつの息苦しさがあった。それが様々な家族事件の一因だろう。

シェアハウスの場合は、住人はつねに入れ替わるし、にもかかわらず住人は食事を共にしよう、る疑似家族であり、しかし、住人同士がつねに一緒にいなければならない束縛がない。それを私は「共異体」と呼ぶのである。いやだと感じたならシェアハウスから出て行けばいいので、家族同士の殺傷事件と比べれば住民同士の殺傷などの事件は起きづらいだろう。

逆に言えば、家族を共同体だと考えてきたのを、むしろ共異体だと思えばすっきりとするはずだ。男女とも働くことを前提とし、離婚・再婚もしばしばあり、またＬＧＢＴ同士の婚姻が法的に認められるようになれば、人々はますます家族を共異体的に捉えることになるだろう。

エアコンから家の閉鎖化が始まった

孤独死問題なども人の集まりを共異体として捉えると解決できる可能性がある。例えば、高島平団地（一九七二―）ができたばかりの頃の映像を見ると当時はエアコンがないのでどの室も玄関ドアを開けているし、ベランダで子どもを抱きながら隣の人としゃべっている様子などが映っている。ちょっと共同体的な風景だ。ところがエアコンが付けばドアも窓も閉められてしまう。閉じた空間に閉じこもっていては、隣人がどんなことをしているのか、どんな人間なのかを知ることはできない。孤立化が進むのだ。

また、ペット可のマンションであれば、ちょっとずつお互いに迷惑をかけてもいいという雰囲気が出てくる。自分自身の経験としても、エアコンを使わずドアを開けて音楽を聴いていたところ、二軒先の人もドアを開け始めたことがあった。つまり、ドアを開けてもいいのだという気分が波及したと言える。みんながドアや窓を開け始めたら、少なくとも同じフロアの住人の様子が少しはわかるようになる。毎日同じ時間に聞こえていたはずの音楽が聞こえなくなったとしたら、隣人に異変が起きたことを察知できるかもしれない。それは共同体ではないが共異体的な人間関係だろう。

未婚でなくても、子どもが巣立ったり、なんらかの理由で配偶者がいなくなれば、シングル化していく。そういう社会を考えると、共に食べることを主な軸としつつ、会社でも家族でも地域でもない集まり方、共同体的な人間関係というのは、すごく大事になっていくはずだ。

シングル化していく社会のよりどころ

現在60代以上の男性は共同体以外での活動に消極的であり、したがってシェアハウスにはあまり向いていないと言われる。しかし今後中高年になっていく男性にとっては苦手意識のあるなしとは無関係に、シェアハウスに住むことを余儀なくされるケースが多くなると考えられる。

なぜならシェアハウスに住まないでよい人とは、まず会社というコミュニティに属し、収入が高く安定している人たちだからである。ロスト・ジェネレーション（バブル経済崩壊直後に社会に出た一九七〇年代〜八〇年代初頭生まれの世代）以降、結婚せず、会社というコミュニティに属さない人たちが増加している現状を見るならば、どこかのコミュニティに属したい、あるいは疑似家族的ななんらかのシェア的な場に属したい中高年が増えていくはずである。

例えば、東京都国立市の「国立家」というコミュニティ・スペースは月会費を払う形式で運営されており、ここは住む場所ではなく、シングル化が前提となった社会でシングル同士が集まってご飯をつくったり食べたりおしゃべりをする場所となっている。

シェアハウスに住む生活者同士は疑似家族であり、ひとり暮らしでは買わないものが共有物として購入される。キッチン用品やスパイスなどの調味料も非常に充実したものになりうる。

さらに、原宿の「THE SHARE」のように六十人で住むとなると、キッチンは大規模になり、シアター・ルームやライブラリーもあり、住人の誰かが持ち込んだソフトウェアをプロジェクターの大画面に投影し大音量で楽しんだり、自分ではふだん買わないような大判の写真集を眺めたりできる。

私は子守に預けられた

結婚して夫婦でマンションに住もうとした場合にシェアハウスと同じ環境を用意することは難しいだろうから、結婚後もシェアハウスに住みたいという人は増えているようだ。

例えば、建築家である瀬川翠《みどり》さん夫妻ほか二組の夫婦が住むシェアハウス「井の頭アンモナイツ」では、一組に子どもが生まれた。つまりこのシェアハウスで七人の大人が暮らし、ひとりの子どもが育っていくのだ。瀬川さんは自分の子どもが生まれても一緒に住み、子ども二人を同じ部屋で育てたいとも言う。核家族化する以前は、夫婦だけでなく、祖父、祖母、隣のおじさん、おばさんまでもが一緒になって、複数の子どもを育てていたわけだから、ある意味では伝統的な村落共同体のような形に戻っているとも言える。

人々が集まり、物や時間や場所を共有するようになったのは、高度経済成長期の核家族を単位とした私有中心のライフスタイルが特殊であることに、みんなが気づき始めているからだ。私のような農村的生活を原体験として持たない世代も、なぜか生理的に、私有型のライフスタイルを疑い始めた。私有主義によって個人化し孤立化した状況から脱却し、人とのつながりが自然に生まれる社会を人々は求めはじめたのである。

私個人は親がフルタイム共働きだったので、赤ん坊の頃から人に預けられたが、最初は母の従妹が子守をしてくれた。昭和30年代の新潟県には、まだ子守がいたのである。

3歳くらいで家の隣のお寺に預けられた。そのお寺は四世代八人家族で、お寺には家族以外の人たちが毎日集まってきた。井戸や川で洗濯をする人もたくさんいた。お寺の中で一升瓶を飲むおばちゃんもいたり、どこからどこまでが家族なのかわからない状況だった。それが私の原体験の一つであって、家の中に家族以外が入ってくるのが当たり前だと思っている。

子守をされない年齢になり、家族が郊外の団地に住むようになっても、私の家には親戚などがいつもやってきた。町内会の宴会も、父親の職場の集まりもあった。私にとって家族以外が家に入ってくるのは日常だった。

そういう原体験を持っている人間から見ると核家族よりシェアハウスのほうが自然な感じすらする。

大企業のシェアやサブスクリプションは上手くいかないのではないか

シェアハウスの住民に限らず、シェア的価値観においては、人からモノを借りたり、共有したり、共同利用したり、さらにはすでにあるモノを協力してつくり直したり、壊れたモノを修繕したりと、モノやコトを通じていかに人とつながりあえるかに価値が置かれる。モノを消費する、あるいはサービス（コト）を消費して満足するのではないのである。

モノを個人で所有するのではなく複数で共有し修繕していくとなると、個人単位での消費が減退していく。

だがシェアをしなくても、スマホがあるおかげでテレビもラジオもステレオもデジカメも時計も売れなくなったのだから、シェアだけを悪者にするのはおかしい。

いずれにしろ、多くの企業にとってはこれまでのビジネスモデルをそのまま続けていたのでは立ちゆかなくなる。トヨタがカーシェアリング事業を立ち上げるなどの動きは確実に出てきているが、それがうまくいくかは未知数である。作って売るだけのことをしてきた企業に、シェアビジネスができるのか。サブスクリプションにしても、今は流行っているが、結局あまり消費者に得とは言えないということにいずれ気づかれてしまうのではないか。水道を使わなくても基本料金が取られるのと同じことであり、それをクルマや衣料品で納得するかというと疑問である。

地域から遊離する不動産業

シェア時代では、顧客との人間的な結びつきが大きな意味をもつので、地域密着型にならざるをえないはずだ。

ところが現実は反対方向に動いている。先日私は自分の住む賃貸マンションで、他の住人のエアコン室外機の騒音が気になったので、マンション全体を管理する全国チェーンの不動産屋の契約担当者にメールした。

だが担当者はあくまで窓口担当者なのでその人は来ず、クレーム処理をするコールセンターが担当した。だがコールセンターは東京にはない。もしかしたら沖縄かもしれない。しかも何度も電話をかけてくるのだが、そのたびに職員は毎回ちがう。室外機の様子を見に来た人はまた別。かつ彼ら同士もパソコンの中の顧客情報を見るだけで相互にコミュニケーションはない。

私は頭に来たのでコールセンターからの連絡は拒否し、近くの担当者に直接連絡をもらうようにしたが、彼らにしてみれば自分たちのシステムに従わない面倒な客であろう。

だが賃貸住宅というまさに地域密着サービスが必須である分野において、このように全国チェーンの不動産屋が増えることで、逆にサービスがおろそかになっている。先日も消毒用ボンべのガスを室内で抜いて爆発させるという事件を別の不動産屋チェーンが起こしたが、この爆発事件も地域密着型の地元の不動産屋であれば起こらなかったであろう(二〇一八年十二月、札幌不動産仲介店舗ガス爆発事故)。

そもそもガスが引火することを知らないのがおかしいが、住人と直接ふれあわずにクレーム処理したり、消毒したりする「見えないシステム」で動くチェーン不動産屋というものそのものがおかしいのだ。

老人ホームなどの福祉施設も大手の会社が全国展開をするとチェーン店のようになってしまう。コンビニやファストフードの店員が客をひとりひとり違う存在として見ないように、老人ホームのスタッフもひとりひとりの老人を異なる存在としては扱わなくなる。

もちろん、スタッフも一人の個人としては、それぞれの老人を異なる存在として見るのだろうが、スタッフという職能から見れば、要介護2という記号で表される平均化された生物でしかない。だから老人の希望に添うことが十分できず、ファストフード的に誰にでも均一なサービスをすることになるのだ。

小さな経済圏づくり

瀬川翠さんのシェア・ハウス「井の頭アンモナイツ」では、（山本理顕さんが「地域社会圏」で考えられているよりおそらくずっと）小さな経済圏が身近な場所と離れた場所とのつながりを通じて成立している。管理栄養士の資格をもつ住人に食事をつくってもらった場合は労働の対価としてお金を支払うし、カメラマンの住人に撮影の仕事を発注することもあるという。

また、雑貨をつくれるスキルをもつ住人がいるので、ガレージを改造して簡単な売り場を設えるなど、シェア・ハウスを街に開くことも行なっている。さらには、農家を営む実家でつくられた米を住人のひとりが送ってもらったときには、家賃代わりに受け取り、このことがきっかけでみんなで農作業を手伝いに行ったそうだ。それぞれの得意なことを活かし、住民同士でスキルを交換し合うだけではなく、地域とのつながりをもち、さらにはシェア・ハウスをハブとして実家の第一次産業とつながるなど、さまざまな広がりを生んでいる。

地域に根を下ろし街全体と広く関わりをもった事例として、建築家宮崎晃吉さんの谷中（東京都台東区）での活動もある。谷中は古くから残るまちの雰囲気を維持しつつ発展させようと住民たちが長らく尽力している場所である（8章参照）。

再・生活化

もうひとつ「okatteにしおぎ」は、会員制の「まちのパブリックコモンスペース」である。二階建ての戸建て住宅はシェアハウスであり、シェアキッチンであり、土間スペースや畳スペースを備え、さまざまな使い方が可能である。共用部分を利用するには「okatteメンバー」になる必要がある。メンバーは食事会やイベントを開催したり、平日の夕方にみんなで集まって食事をつくって食べる「okatteアワー」に参加することができるほか、一階のキッチンは飲食店営業と菓子製造業の許可を取得しているため、つくったものを販売することができる。梅干し、味噌づくりなどのワークショップも行う。

「okatteアワー」には、単身者だけでなく子ども連れの家族も多い。料理教室の主宰者や管理栄養士、パン職人といった食関連のプロのほか、デザイナーや建築士、SEなどさまざまな職業の人々がメンバーになっている。

私もイベントに参加し食事をいただいたのだが、ここに集まるお母さんたちの料理はすべてが本当においしい。それぞれの家族だけに料理をつくるのではもったいないと感じるほどである。レストランを開いて経営するのは大変だけれど、こうした場でであればプロフェッショナルとしての主婦の腕を存分に発揮できる。しかもここには、たとえお母さんたちほどおいしくなくても一品つくったり、田舎から送られてきた大根を持っていくだけでも受け入れられるような気軽さがある。先ほど60代以上の男性は会社共同体以外での活動に消極的であると書いたが、「okatte にしおぎ」の参加者のなかには、自分の父親の特技を中心に据えてイベントを企画することで、こうした場への参加を促す人もいるようだ。

以上紹介して来たような活動を私は「再・生活化」の動きと捉えている。消費主義になって希薄化した生活、あるいは核家族の箱の中に閉じてしまって見えなくなった生活、対人コミュニケーションのないコンビニやスーパー、こうした現代の状況に対して、生活の実感、実態を取り戻す動きの一つだろうと思っているのである。だから、それらを「再・生活化」と呼ぶのである。

地方都市の可能性

これまで取り上げてきたのはすべて都市生活者の事例である。共同体が残っている地方にはいろいろなものをシェアする土壌がまだ残っている。実際にわれわれは東日本大震災後、東北地方に残る共同体が復興への大きな足がかりとなった例を目にしている。それに比べると、都市部では、共同体から孤立しシェアすることが当たり前ではない状況に置かれた人たちが、シェアすることを面白がっている時期だと言える。

こうしたシェア的な感覚とは、つながりたいが縛られたくないというものであり、農村漁村の共同体や、企業といった共同体における、つながりたいなら縛られなければならないという価値観とは相容れない。コミュニティとかつながりとかシェアとかいうと、昔の社会を思い出して抵抗感を示す人がいるが、大体そういう人は70歳以上である。コミュニティが嫌で田舎から出てきた世代である。

だが、地方においては、モノや行動をシェアすることは今でもそれほど特別なことではないため（世代にもよるが）、共同体をベースにしない「共異体」的なつながりがもたらされると、一気に「新しい公共」的な動きが波及する可能性があるかもしれない。

また、地方を「再・生活化」へのヒントの眠るリソースと捉えるならば、「井の頭アンモナイツ」の住人たちが農作業を手伝いに行ったように、地理的に離れていたとしてもシェアできる地域としてのつながりを感じられる場所となって、若者が地方へと足を向ける呼び水となる可能性もある。

縦割りでは新しいパブリックはつくれない

行政のつくるパブリックな場は往々にして、子どもは保育園、お母さんたちは子育て支援センター、子どもが少し大きくなると小中学校、高齢者は老人ホームやデイケアセンター、病人は病院、健康な人はスポーツセンターというぐあいに、年齢や役割、健康状態などで行くべき場所が区分けされている。

一方、これまで見てきた各事例は、人々が年齢や職業などとは無関係に各種の行動によってつながりをつくっていくような場となっている。利用者たちはそれぞれが持っている知識やスキルを交換、共有することを好む傾向があり、完全なビジネスでも完全なボランティアでもないお互いにフラットな関係性が築かれているケースを多く目にした。そして何と言っても、どれも食を共にすることが前提となっていることが興味深い。

家族とは共食を基本としていると書いたが、まさに時間と場所と食をシェアすることでつながり「共異体」を形成しているのだ。「人間の居る場所」で、われわれ一人ひとりがプライベートを少しずつ開き誰かと共有することによって「新しいパブリック」が生まれていると言えるのである。

14章

現代は「焼け跡の時代」、リノベーションはバラック、物は借りたり、もらったり、拾ったり

スロー、リラックス、ゆるい、ロハス

――平成三十年間の住宅建築の歴史を振り返ると、平成10～14年、一九九〇年代末～二〇〇〇年代初頭に大きな価値観の転換点があり、その後、その変化が拡大、浸透していったという感覚があります。

三浦　バブル崩壊は一九九〇年代初頭ですが、実際の生活の価値観は、九〇年代の後半までしばらく景気はすぐに回復するだろうという気分を引きずっていました。しかし一九九七年の山一證券の破綻をきっかけに、バブルが完全に終わったことがわかり、そこから世の中がスロー、

リラックス、ゆるい、ロハスといった価値観にガラッと変わった印象があります。

一九九七年に私が原宿のストリートを撮影した写真を見ると、当時はまだファッションも基本がフォーマルで、バブルの名残を感じさせるものです。女性は白いブラウスにエルメスのスカーフでタイトスカート、男性もジャケットを着ているというふうに。ところが、九八年頃に撮った写真では、ジーパン、Tシャツ、ニット帽というようなユニセックスでカジュアルなスタイルが急速に広がったのです。シンプル、ナチュラル、エコロジカルな生活への指向ですね。

自由でゆるい雰囲気が出てきた二〇〇〇年頃

私は、三菱総研を辞めることが決まっていた一九九八年、あるレコード屋を見に行くために十年ぶりくらいに高円寺を訪れたんです。一九八〇年代は、渋谷、代官山、青山などが栄える一方、高円寺など中央線沿線の街は、古い、暗い、ダサいと敬遠される傾向がありました。でも久しぶりに歩いてみると、町中に古着屋や雑貨屋など、個人のこだわりに溢れた店がたくさん増えていて、その自由でゆるい雰囲気がものすごく心地よく感動さえ覚えました。そこで脱サラした九九年には、高円寺や下北沢のような街に集まる、がつがつせずに毎日を楽しく生きたいという若者たちのライフスタイルをリサーチして写真に撮り、分析の文章を書いて冊子にまとめ、企業に三万円で売る、というようなことをしていました。

そういう写真を見せながら、大手メーカーの人をつれて高円寺や下北沢を歩いたりしました。でも、大手自動車メーカーの人って生粋のエリートなんです。人に負けるのが大嫌い。そういう人が車をつくって売ろうとしているけど、世の中の価値観は「負けてもいいや」というふうになっていた。だから若者に売れる車が作れなかったんですね。

隈研吾さんが「負ける建築」と言い出したのは二〇〇〇年代前半ですが（岩波書店、二〇〇四年）、そういう時代の流れともリンクしていますよね。戦う建築、勝つ建築じゃなくて、肩の力を抜いてまわりと調和していくようなマイペースな建築、弱い建築、そういう流れが出てきました。また、二〇一〇年代になると、昭和の喫茶店、定食屋、銭湯、商店街などにも注目が集まる時代になりましたね。

「私有」された空間の息苦しさに気づく

――一九九五年には阪神大震災やオウムサリン事件といった大きな出来事もあり、またインターネット元年とも言われ情報化が進んだ時代でした。住まいにおいてはどのようなことに関心を持たれていましたか?

三浦　一九九五年に『「家族と郊外」の社会学』（PHP研究所）、独立後にそれをヴァージョンアップした『「家族」と「幸福」の戦後史』（講談社新書）という本を出版しました。そこでテーマにしたのが郊外ニュータウンの閉鎖性、つまり家族だけに人間関係が完結した閉鎖性、あるいは私有という原理に支配された息苦しさです。

一九九七年に神戸連続児童殺傷事件（通称：酒鬼薔薇聖斗事件）がニュータウンで発生しました。事件のあったニュータウンを見て、初めて「私有」ということの問題に気づきました。空間全体が私有の領域だけで成り立っていることの異常さです。

戦後、ホワイトカラーの夫、専業主婦の妻、勉学にいそしむ子どもという「モデル家族」が出現し、その家族が居住する場所として郊外住宅地が開発されてきました。でも同一の家族ばかりに閉じた郊外ニュータウンの多様性のなさが、問題の発生源にもなっているのではないかということを酒鬼薔薇事件は問いかけたと思います。

都市計画の専門家からは、犯罪を起こさない街はつくれないという反論も受けましたが、多様性のない郊外に対するひとつの問いかけだったのです。当時、高円寺や下北沢のような街に

1999年のフリマの様子

興味を持ったのは、均質化した郊外に対して、その壁を超えようとする街のあり方として価値があると思ったからです。言い換えれば、私有原理に縛られない、消費社会に足をすくわれない、あるいは競争原理ではない生き方ですね。

私は吉祥寺に三十年住みましたが、井の頭公園には一九九八年から急にフリマをする人が増えたんです。そこで翌年、フリマをしている若者にインタビューすると、将来はカフェとギャラリーと花屋が一緒になった店がやりたいと、みんな口を揃えて言っていました。自分が好きなものに囲まれて、好きなことをして、あくせくせずに暮らす。そういう生き方が求められていると感じました。実際その後そういう店が増えましたよね。

家が多目的ホール化し、街がカジュアル化した

——建築界で新しいまちのあり方、新しい家族と住まいのあり方を考えなければいけないのではないかという問題意識が広く上がってきたのも、ちょうどその頃ではないでしょうか。新しい住まい方や文化はどのように人の暮らし方や住宅の形を変えて行ったのでしょうか？

三浦　家から街に出るときの敷居が低くなった気がします。街に出る時にわざわざ着替えなくなったとかね。一九七〇年の大阪万博のオープニング映像を見ると、入ってくる人たちは皆、背広を着て正装しています。銀座は正装して出かける場所でジーンズ禁止でしたし、プロ野球ですら背広で見ていた時代です。今ではグローバル企業の経営者がTシャツ、ジーパンで記者会見に出てくる。

そうした社会のカジュアル化は家のつくりにも関係したのではないかと思います。団塊世代にはまだ床の間はいるかなとか、掛け軸は掛けなくとも客間としての和室は欲しいね、というのがあったかもしれませんが、その子の世代になるとそれもなくなってくる。脱ｎＬＤＫだと

鐘ヶ淵の子どもたち

か、子ども部屋はいらないだとか、家が多目的ホール化し始めたのだと思います。リビングルームのテーブルで勉強してる、東大に入る子はという言説は今ではたくさん出ていますが、渡辺朗子さんが最初にそれを提唱したのも二〇〇〇年代の初期ですね（本になったのは二〇一〇年）。

個室にこもらない方がいい、「住み開き」という視点が出てきた

つまり個室にこもらない方がよいのではないか、マイホームにこもらないほうがいいのではないか、という流れが出てきた。ドアも開き戸より引き戸の方がいいとかね。

これはコーポラティブハウス手法による自由設

計の台頭とも重なると思います。昔の親子関係と違って、戦後生まれの世代では親子の距離感も友達同士のようになってきて、そうするとあまり仕切る必要もなくなる。世代の断絶のなくなりと共に家の仕切りもなくなり、家と街の仕切りも弱くなるということが起きてきました。

そういうように「開かれた建築、住宅、家族」ということが言われるようになって、開放性、風通しの良さが、物理的なことだけでなく、人間関係にも言われるようになった。

二〇〇〇年頃、新宿のオゾンで「縁側」という企画展が開かれたこともありました。また東京都現代美術館では「低温火傷」という展示がありました。つまり、一見快適な家庭の中で知らないうちに傷つくということです。

そういう危うい家族、住居、ニュータウンから脱出することが二〇〇〇年頃に求められ始めたと思います。だから僕は二〇〇一年に『マイホームレス・チャイルド』（クラブハウス／文春文庫）という本を書いたんです。

個人が発信しバラバラな場所に集まる

そういう動きが、二〇一〇年代になると一気に拡大する。シェアハウスが人気になり、「住み開き」も広がってきた。住宅の中にこもらない、むしろ開いていくことがよいのだと思われ始めたのです（アサダワタル『住み開き』（筑摩書房／ちくま文庫）。

私がシェアについて考えた最初は二〇〇二年です。本にしたのは二〇一〇年ですが、実はもっと前から考えていた。某広告代理店の未来予兆研究として行っていたのです。そのときやはり隈研吾さんらを呼んで座談会を開きました。隈さんは昔からコーポラティブハウスを設計したりしていたので、シェア的な価値観がわかると思ったからです。それが二〇一〇年の『三低主義』（NTT出版）という隈さんと私の対談本にもつながります。

三低主義とは、それまでの高層、高価格、環境への高負荷、あるいは「上から目線」の建築の対極にある、低層、低価格、低負荷、低姿勢などなどの特徴を持った建築の時代が来るという予測です。私有からレンタル、シェアへ、という動きともつながる。

北田暁大さんの『広告都市・東京――その誕生と死』（廣済堂出版）では、一九九〇年代後半になると、ショッピングモールなどの巨大商業施設の郊外進出により、柏や町田、大宮といった郊外の繁華街がシブヤ化し、若者が地元でいいじゃんとなり、渋谷に行く必要がなくなったことが指摘されています。

さらに携帯の急速な普及で、iモード（一九九九年開始）に代表されるメディアができると、若者の街に対する関わり方が変わってきたと言われる。いつでも友達と連絡を取り合って落ちあえるから、待ち合わせとか、特定の場所にいることが無意味化した。あるいは、そもそも会う必要がなくなった。最近ファミレスが24時間営業をやめた背景にもこれがあるわけです。

また誰もが個人的に情報を発信して人を集められるようになったとも言える。さらにこれがスマホでSNSという時代になると、ますますそういう傾向が強まった。建築家が作品を公開するイベントなどの招待がフェイスブックでたくさん来るようになった。その場所は渋谷でも銀座でもない、練馬区の小竹向原とか、住んでなければ絶対行かないような場所です。そういう場所に何十人もの人が集まる。八〇年代、渋谷公園通りに一時間に四千人歩いていた時代があるのですが、今は四十人ずつ百箇所に分散して集まっている。

住み、働き、開く

二〇〇〇年代には家族像の変化などにより脱ｎＬＤＫ的な家が増えたものの、空間としてはまだまだ内部に閉じている印象もありますね。内部から見たときに街が見える、街とつながっている感覚があるのかもしれないが、実際に人間が街に向かって開いてはいない感じがする。僕的には萩原修さんの「９坪の家」が印象的で、玄関がなくて縁側から出入りする。他人が出入りすることを誘発する家だなと思いました。

９坪の家（写真提供：萩原修）

二〇一〇年代になると、そういうふうに、家に、家族以外も受け入れるようなスタイルが流行ってきたように思います。

そして家で働くことが前提とされるようにもなってきた。ＳＯＨＯも二〇〇〇年頃から言われてきたことですが二〇一〇年ごろから本格的になってきた。シェアオフィス、コワーキングスペースもそうですね。他人と一緒に、コミュニケーションしながら、住む、働く、ということが当たり前になった。コラボレーションという言葉が流行ったのも二〇〇〇年ごろからでしょう。

そして最近は武蔵小山にある「食堂付きアパート」や「okatteにしおぎ」（13章参照）のように、食を核としたつながりづくりが注目されてきた。両方とも小商いとも関わるものです。普通の家でも小商いをする、みたいなことも徐々に増えていますよね。

僕の西荻の事務所の目の前の住宅でも、若い家族が引っ越してきて駐車場にコンテナを置いてそこをネイルサロンにしていますし、別の西荻の新築戸建てでも、奥さんが最初からネイルサロンを家の中でやる前提で設計されていました。

その背景としては、まず女性が働くのが前提の社会だけど、子育て期には家で働いた方がいいということがある。

第二に、男性も、所得があまり増えないので副業的に働くことが求められた。

第三に、やはり他者とのつながりを増やすには、会社の組織としての仕事では無理で、個人的な仕事をすることがよい、という考え方ですね。いやおうもなく副業をするのではなく、副業をするほうが他者とつながれるということです。

隙間や小商いを楽しむ時代、急がない時代

それと関連して、個人経営の商店がどんどんなくなっていって、巨大ショッピングモールとネット通販ばかりが栄えていることへの反動がある。個人経営の個性的な店が欲しいという気持ちが強まっている。儲からないけど楽しいから、正しいから、やりたいという気持ちもある。それで、なんなら自分でやろうという人が増えた。それが小商いブームの一因でしょう。

だからキーワードは「隙間」かな。小商いや副業は時間的な隙間ですね。当然空間的な隙間も注目される。屋台ブームなどもそこに含まれます。屋台は時間的な隙間にゲリラ的に現れるという面でもあるので、時間と空間の隙間産業ですね(笑)。

最近若い人が、スナックとか夜カフェで日替わりで店長をすることが増えていますね。夜はスナックの店を昼にカフェとして借りるとか、小料理屋の定休日に店主の友達が小料理屋をするなんてケースもよくある。時間的隙間活用です。

そういうふうに隙間が空間的にも時間的にも都市を活性化したり楽しくさせたりする。スキマスイッチというバンド名は、どうしてなのか知らないけど、今風ですね。

現代の都市再開発は隙間をどんどん埋めていくものですが、一方で空間的・時間的な隙間を

楽しむ人が増えているし、隙間的なものの価値が認められてきた時代と言えるかもしれません。

建築の開放度が上がってきた背景には、カフェなどの商業施設の影響もあると思います。カフェでもブティックでもガラス張りだったり、オープンだったりするようになってきた。そういうものに近いものを自分の部屋にも求めているとも言えます。

九〇年代からゼロ年代にかけて、オーナーの個性豊かなさまざまなカフェが出てきて、雑誌でも特集が組まれ、カフェブームが生まれました。その頃大企業の人たちに「このカフェブームは五年後も続きますか?」と聞かれたものですが、ここまで続いて広がるとは当時は私も思いませんでした。

その頃のスタイルとして、スタイリッシュなものもたくさん誕生したけど、反対に、そのへんで拾ってきたような古い家具を集めてつくられた「おうちカフェ」スタイルも出てきました。二〇〇二年に代官山にできた洋書の古書店「ユトレヒト」(現在は神宮前に移転)もラフな木箱で本棚をつくっていました。

そういった鳥の巣みたいにありあわせのラフなものでブリコラージュ的につくることが格好いいという価値観が育ってきて、さらにそれが住宅にも持ち込まれるようになったとも言えるかもしれません。特段建築を勉強したとかではなくても、かっこよく住んでる若い人が今では

おうちカフェ（谷中）

いっぱいいますから。住み手が即興で自らの住まいをカスタムするようなスキルが上がってきました。

そういうブリコラージュ的な空間をつくる時には、スローであること、「急がない」ということも重要ですね。急ぐ人は既製品を買わないといけない。スローなら、与えられるままではなく自分の好きなようにカスタマイズできる。そういうようにお金がなくてもどう楽しくスローかつ豊かに暮らすかを考える人は、この二十年で随分増えたと思います。

誰もが新しい暮らし方や家族のあり方を考えているわけではないから、その何割かは「カフェみたいな」「雑貨屋みたいな」という「お店的イメージ」を追い求めてつくっていると思いますが。それが結果的に、家の構えとして、独立専用住居の時代とは全然違うものになってきているように見えます。

現代は「焼け跡の時代」

――人びとが自らの生活を構築するスキルが上がってきた時に、建築家の役割は何か、というのも問われますね。

三浦　近代は「古い物より新しい物がいい」という時間軸優位の価値観が支配してきましたが、古いものを生かしたり愛でたりする価値観が、あきらかにこの二十年で広がりました。今の若者は古いもののよさを共有する感覚をはじめから持っていますよね。僕が若者だった八〇年代には考えられなかったことです。

一方で古いものがいい価値観は、日本が大好きで、海外に学ぶものを感じないという、偏狭なナショナリズムに向かう危うさもはらんでいるのですが。

現在建築界でも広く見られるリノベーションやコンバージョンの増加も、そういった価値観の変化と無関係ではないでしょう。リノベーションの大衆化によって、表層的な「量産リノべ」で満足する人も増えています。時代の空気や価値観の変化をとらえた上で、表層から本質へと掘り下げて、時代の気運を建築としてかたちにするようなことが建築家に問われているのではないでしょうか。

東京郊外の住宅地でも、高齢化し衰退して、地価が下がるところが出てきている。そういう意味で現代は一種の「焼け跡の時代」だと思っています。

下高井戸

闇市が人気なのも同じ心理です。屋台、露店、闇市、そうした戦後の日本の原点であり、かつ高度成長期以降ずっと否定してきたものが、今は貴重なもの、新しい面白いものと見なされている。農家の土間とかもそうでしょう。古い暮らしの中にヒントがある。リノベーションって一種のバラック建築なので。

だからこそ、二〇一一年の東日本大震災後、成瀬さん（建築家、本インタビューの聞き手）が被災地で住民たちの交流の場となるような

「街のリビングルーム」として「りくカフェ」をつくったように、地域をサポートするような試みが、これから都心でも郊外でも必要になってくると思います。それをまちとしてどう調停するかというところに建築家の役割があるんじゃないかな。

所有ではなく利用

その時に「シェア」はひとつのキーワードになった。車も家も服もさまざまなもののシェアや中古が当たり前になってきた時代に、三十五年ローンで買わざるを得ない家の所有は魅力がなくなってくるわけです。最終的に上物の価値は下がってしまうし、かといってずっと賃貸では自由にカスタムもできないから物足りない。そこに所有か賃貸か、ではないオルタナティブが求められてきた。

先日、定期借地権推進協議会が主催するシンポジウムに出席したのですが、そこで議論されていたのが、住宅の「所有」から「利用」への変化でした。たとえば借地権なら所有権の4分の1から5分の1ぐらいの値段で買うことができます。土地は一定期間で返すけど、上物は自由に改造したりして利用できる。そうするとたとえば郊外住宅地の高齢化という課題があった時に、じゃあ「みんなの家*」のような場所をつくろうとかさまざまな試みが気軽にやりやすいんですよね。

これから少子高齢化が進む中で、人々がますます「所有価値」ではなく「利用価値」に傾くと、現状復帰しなきゃいけない賃貸や、長くずっと住み続けること前提の所有は、そもそも意味をなさなくなります。子どもが巣立った時に改変しやすい間取り、といった提案が昔はよくなされたけど、もはやライフスタイルに合わなくなったら住み替えればいい時代にきています。

自らつくり出すまちの楽しみ

――最近、大手の不動産会社や住宅メーカーから、シェアハウスと専用住宅の間のようなものを考えたいとか、カフェやコワーキングスペースを併設する住まいを住居専用地域で成り立

* **みんなの家**　東日本大震災の被災地で家や仕事を失った人々が、再び立ち上がって新しい生活を回復するための拠点として建てられた施設。伊東豊雄、山本理顕、内藤廣、隈研吾、妹島和世によるボランティア団体「帰心の会」によって震災直後に提案され、仮設住宅団地内や被災した商店街、漁港の周辺に建てられ、仮設住民達の集まり、コミュニティの回復、子ども達の遊び場、農業や漁業を再興しようとする人々の拠点などとして、多岐に亘って利用されている。

たせるにはどうしたらいいか、といった相談を受けることが増えています。彼らも今までのやり方に限界を感じて、地域がよくなることを考えないと家も売れないことに気づき、次の一手を考えているという気がするんです。量産型のものを見て人びとの意識が変わっていく部分もあると思うので、そういう「量産」されるものに建築家が入り込む価値はあるように思います。

三浦　それは重要ですよね。建築業界は産業規模が大きいので、一軒一軒を工夫して建てたり、リノベーションしていくのもいいけれど、街区全体を再編して価値を上げていくようなところにも、建築家の職能が発揮されてほしいですね。家の中のブリコラージュは誰でもできるけど、まちの再編には専門知識が必要ですから。

たとえば木造密集地の再編というのは喫緊のテーマだけど、単に更地にしてビルにするのではなく、防災性を高めつつも、住宅同士の配置を工夫して、木密らしい路地裏感覚を消さずに移築する方法を考えてほしい。

しかし、今ビジネスで勝ち組になることは、システムやフォーマットをつくることになっています。そうすると実際の現場のことは誰も知らないという事態が起きてくる。先日全国チェーンの不動産屋で引越しをしたのですが、大変な苦労をしました。問題があってもちょっと現場を見てくれたら解決することなのに、遠く離れたコールセンターが対応するだけで、誰も現場を見に来ない。そこで人がどう住むか、ということがどんどん見えづらくなってしまう時代だと感じる経験でした。

もちろん、まちをよくするために努力している地場の不動産屋もいるし、世の中の価値観も確かに変わってきたけど、時代の流れがどんどんフォーマット化に進む中では、ビジネスとしては古いものを生かすのは少数派で、スクラップアンドビルド的な価値観が主流にならざるを得ない。建築家はそこにいかにあらがえるかを考えてほしいです。

――三浦さんにとって街に住む楽しみとはどういうところにあると思いますか。またこれからの住まい方はどういう風に変化していくとお考えでしょうか。

三浦　街の魅力というのは、まず第一に自由があるということだと思います。それは都心か、郊外かという問題ではなく、他者への寛容度が高い街の隙間にはどんどん面白い人が集まり、楽しさや豊かさが増していく。ただし、変にメディアで取り上げられてしまうと、巨大資本が入ってきてジェントリフィケーションが起きてしまうので、最近は面白い場所を見つけてもあまり話さないようにしているんですが（笑）。

かつてのニュータウンのような住宅だけに特化されてきた街では、今後、空き家や空き地をどうやって使っていくか、どのように多様性、寛容性を生み出していくかという積年の課題が

平井の銭湯

問われていくでしょう。

この前高島平団地のシンポジウムで、これからの郊外は夜の娯楽が必要だから飲み屋をつくろうという話をしました。仕事が終わって一杯飲めるようなサードプレイスをいかにつくるか。僕もさまざまな郊外住宅地を取材していますが、かつて開発されたニュータウンで個人を起点とした小さな試みは起きています（12章参照）。

そうした取り組みで街全体が変わっていくかというと、まだまだそういうことは行政やディベロッパーがやるものだと思っている人が多いようですが、でもやっぱりそういう小さなセンスのよい動きを求めている住民は確実にいます。だから、頑張っている人同士が孤軍奮闘するのではなく、ネットワークして情報発信力を高めていくことが大事だと思っています。だから僕は「郊外スナックネットワーク」というのをつくってみた。郊外の空き家で同時多発的に産まれているシェア的なスナック、カフェづくりを交流させようという仕掛けです。

そうすると、ほかのまちでも同じような取り組みをやっている人がいるということに気づくことから、孤軍奮闘感がなくなって、ぐっと参加者が増えていくんじゃないかなと。私はそのつなぎ役になることを心がけています。

(聞き手＝成瀬由梨／建築家)

15章　郊外にクリエイティブなコミュニティをつくる

文教都市・浦和の形成過程

「鎌倉文士に浦和画家」という言葉が昔あった。戦前、現在のさいたま市浦和区に芸術家達が移住し、その数が四十人あまりに増えて、「浦和アトリエ村」と呼ばれるようになっていったというのである。

浦和は本来中山道の宿場町であり、宿場町としては岩槻のほうがずっと栄えていた。一八七一年に浦和県が岩槻県などと合併したときも岩槻に県庁が置かれる案があったほどである。それが廃藩置県により、七六年、入間郡と合併して新たに埼玉県となると、浦和が県庁所在地となった。すでに七三年には埼玉県師範学校、県立中学、県立医学校ができ、八三年に浦和駅ができるなど、順調に発展していく。

九六年には浦和尋常中学校（現・県立浦和高校）が開校。九八年には埼玉私立教育会が埼玉女学校、現在の浦和第一女子高校を開校、一九二二年には旧制浦和高校（現・埼玉大学）が開校するなど、文教都市として確立されていったのである。

さらに二三年には関東大震災があり、都心からの移住者が増えた。上野まで一本で出られる通勤の便のよさもあり、浦和は郊外住宅地としての地位を高め、中等学校進学者数も激増する。女子教育も熱心であり、三四年には浦和第二高等女学校（現・浦和西高校）が開校している。

アトリエ村時代を偲ばせる住宅

　宿場町浦和には富裕な商業者も多かったが、そこに浦和の官庁街や都心勤務のホワイトカラーが加わったことで、幼児教育も盛んとなった。二五年には童話作家・長沼新平によって浦和幼稚園、羽鳥近作によって双葉幼稚園が設立された。三二年には県立女子師範学校附属幼稚園も開園している。

また一九〇〇年には画家・福原霞外が埼玉県師範学校に赴任し、浦和アトリエ村の先鞭を付けた。国道17号線の西側の鹿島台といわれる地域を中心に画家などの芸術家の移住が増えていく。

浦和には帝展に出品するエスタブリッシュメントの画家がほとんどだったが、画家になる人間にはやはりどこか反抗的なところがあったようだ。なぜなら明治政府は薩長が支配したので、都心に住んでいた旧幕府側は肩身が狭くなり、薩長が政治、経済を牛耳るのに反抗して、旧幕府の末裔は文化・芸術、あるいはキリスト教、社会主義、ジャーナリズムに向かったのだ。

郊外化することで住民のつながりが希薄に

このように芸術、文化、教育に強い浦和であるが、高度経済成長期以降、「埼玉都民」と言われる東京の会社に通うサラリーマンのベッドタウンとして発展するようになると、画家同士が集まってアトリエ村と呼ばれたような、人間同士の横のつながりは次第に感じられなくなっ

北浦和の商店街。まだ豆腐屋さんもあり、庶民的でなごむ。

ていった。

実際は今も、芸術、文化、あるいはスポーツなど、様々な分野で人を指導できる人がたくさんいるのだが、戦後社会独特の、個人が自分に閉じた風潮が、それらの人材を開かれた形で活用することがなかなかできない時代になった。

そういうことにつねづね疑問を持っていたのが、JR京浜東北線・北浦和駅近くにコミュニティ・マンション「コミューンときわ」をつくった船本義之さんだ（株式会社エステート常盤代表取締役）。

北浦和駅からコミューンときわまでの商店街は、まだシャッター通りではなく、昔ながらの豆腐屋、酒屋、魚屋、スナックなどが残っており、なかなか良い雰囲気だ。北浦和駅西口は今はマンション街のようになっているが、高度成長期には繊維関係の工場などが多く、庶民的な街だったらしい。

コミュニティ・マンションをつくりたい

船本さんは日本の住宅、特に賃貸住宅のあり方にもずっと疑問を持っていた。

一九七〇年代には日本人は欧米から「ウサギ小屋に住む仕事中毒」と呼ばれ、住宅の貧しさを指摘されていた。その後持ち家はそれなりに質の高いものが供給されるようになったが、賃貸住宅はまだまだだ。

特に生活の質の観点から見ると、賃貸住宅の居住者は部屋にこもるだけで、隣が誰かも知らず、地域とコミュニケーションがない。せっかく地域にいろいろな人的資源があるのに、それを知る機会がない。こうした現状をどうにかしたいと船本さんは考えていた。

そして、ＪＲ京浜東北線・北浦和駅西口から徒歩十分ほどの、浦和区常盤10丁目にある埼玉工業株式会社の所有地を借り、コミュニティを生み出す賃貸住宅「コミュニティ・マンション」をつくりたいと考えた。

設計も施工も地元の会社を使おうと考えた。設計会社を選ぶコンペではコミュニティのある賃貸住宅を造りたいと伝え、提案を募った。結果、中庭のある案を提案した大栄建築事務所に設計を依頼した。

だが中庭があるだけでコミュニティが作れるとは思われなかった。そこで、夏水組の坂田夏水さんが主催する「内装の学校」や、株式会社まめくらしの青木純さんが主催する「大家の学校」に通った。

青木さんと坂田さんは、「ロイヤルアネックス」「青豆ハウス」などでタッグを組み、「愛ある賃貸住宅」、コミュニティのある賃貸住宅を実現してきた実績がある。

船本さんは最初、坂田さんに相談し、坂田さんはコミュニティをつくりたいなら青木さんが必須だと提案し、青木さんもこのプロジェクトに参画した。

交流が自然発生する仕掛け

住民が住んでからスムーズにコミュニティが形成されていくためには、建築的にもさまざまな仕掛けが必要だ。単身者だけ、ファミリーだけといった住民構成になるのも避けたい。

そこで間取りはワンルーム（といっても二人でも住める広さの部屋が多い）から2LDKまでと

芝生のある中庭を囲むロの字型のつくり。中庭側に面してガラス張りの玄関もある。

し、一階にはSOHO用の住宅も四戸つくり、店舗も一戸つくった。

SOHO用の住宅は中庭側に居住スペースにつながる普通の玄関があるが、反対側は街路に面しており、透明なガラス窓が開閉でき、ガラス張りのドアもあるというつくりになっている。街路から見ると、働く人の姿が見え、興味が湧けば声をかけるという行動が自然に誘発されるだろう。

また二階以上のファミリー向けの部屋は、中庭に面した玄関ドアや窓が鉄線入りガラス張りになっており、窓も開けられるなど、人の気配を感じられるものになっている。玄関ドアを開け放てば、別のフロアの反対側の人同士、子ども同士でも声を掛け合うことができるのだ。

しかも玄関を入るとすぐにダイニングルームが

あるなど、開放的である。北側の部屋は玄関のある南側がガラス張りなので光が入り、冬でも暖かそうである。

光と風と人が通り抜けるマンション、という気がした。

店舗にはすでに地域の障がい者支援ＮＰＯが経営するクッキー屋さんが入居することが決まっており、健常者だけでなく、障がい者とも共生するコミュニティづくりが目指されている。中庭に面してはコミューンときわ住民だけでなく地域住民も使うことができるフリースペースがあり、教室、イベントなど、さまざまな使い方をしていく予定である。

また屋上には無料で使える菜園があり、住民が自分の好きな野菜などを育てることができる。

このように最初から「コミュニティ・マンション」というコンセプトを謳っているので、船本さん自身がコミューンときわに込めた思いを入居希望者に話し、それに共感してくれた人に入居してもらうという。

「入居者がこのマンションの中では鍵をかけなくてもいいくらいにしたい。ここが、老若男女、多世代が交流、健常者も障害者も共生する一つの街になって、「里山資本主義」ならぬ「人里資本主義」ができないか。夢を持った人々が巣立つ巣《ネスト》のようにして、将来的には浦和に地場産業として文化的な産業が育つようにしたい」と船本さんは希望を述べる。

意欲的な住民たち

住民募集は始まったばかりだが、すでに北浦和で"BEER Hunting Urawa"、浦和で"Beernova Urawa"とクラフトビールの店を二軒経営している小林健太さんも家族で入居することが決まった。小林さんは二月二日の内覧会でも自分でつくったクラフトビールで来場者をもてなした。SOHOも入居者が決まり始めているが、うち一戸は二月二日時点ですでに入居済みであった。

入居したのはデザイナーの直井薫子さん。東浦和出身で、美大を出たあと、東京に住んで東京のデザイン会社に勤務し、さいたま市の広報誌の編集・デザインをコンペで勝ち取っていた。フリーになって浦和に戻った二〇一九年に、会社からその仕事を引き継いだ。とても行政の広報誌とは思えない素敵なデザインであり、これなら市民もよろこんで広報誌を読むだろう。

直井さんは「住み開き」に関心があり、仕事場でもあり住居でもあり、かつ外に開かれた場所をさいたま市内に探していた。たまたま、さいたま市の公民連携担当者から「コミューンときわ」というものがつくられようとしていると聞き、SOHOの住民になりたいと申し込んだのだ。さいたま市ではアートなどのイベントも最近盛んであり、それらを通じて地域の横のつながりも生まれているようである。そういうつながりがあったからこそ、実にタイミング良く「コミューンときわ」に入居できたのだ。

直井さんはここで今後、本や言葉についてのイベントを開催したいと言う。明るく元気な直井さんなら、本や言葉のイベントに限らず、コミューンときわのさまざまな活動の中心になるだろう。

「浦和画家」や「浦和アトリエ村」に代わるような新しい文化がコミューンときわから生まれるかもしれない。

私は郊外研究をずっと続けてきた人間として、これからの郊外に必要なコンセプトは「クリエイティブ・サバーブ」であると最近考えるに至った。タワーマンションに住んで大規模ショッピングモールで買い物をしているだけの消費型の生活ではなく、下町的な暮らしの良さも取り入れ、住み、働き、交流し、刺激しあい、新たな生活をデザインし、生み出していく、そういう暮らしができる郊外が「クリエイティブ・サバーブ」のイメージである。「コミューンときわ」はまさにその「クリエイティブ・サバーブ」誕生の先駆けに思えた。

16章　シェア社会と交通

第12回「運輸と経済」フォーラム講演

日本の消費社会の展開

二〇一二年に『第四の消費』（朝日新書）という本を出版しました。この本は45歳以下の比較的若い世代によく読まれており、この本を読んだことを契機に何らかの実践や行動を始めたという人も少なくありません。

『第四の消費』では、大正時代から三十年ごとに四つの時代に分け、それぞれの時代における日本の消費社会を振り返りつつ、今後の日本の消費社会を予測しました。今日はまずこの本にならい、日本の消費社会の展開や今後の日本の姿から日本の交通の未来を考えてみたいと思います。

第一の消費社会は一九一二〜一九四一年、大正時代から太平洋戦争開戦までの時代です。東京の西側のターミナル駅から私鉄の路線が延び、高円寺、阿佐ヶ谷、吉祥寺、下北沢、洗足、大岡山、田園調布、成城学園といった地域に住宅地が形成され、主にホワイトカラーや軍人、大学教授が住み、まちが発展していきます。

田園調布の分譲が開始され、東京駅の丸ビルが完成したのは一九二三年ですから、田園調布に住むサラリーマンの家庭では平日、旦那さんは電車で丸の内の会社まで通勤し、奥さんは専業主婦で家事をし、電車に乗って渋谷の東急百貨店まで買い物に行きます。そして日曜日には、家族そろって多摩川園の遊園地で遊びます。こうした今日的な中流階級・核家族型のライフスタイルが完成したのがこの時代です。

この時代のアメリカではT型フォードが登場し、日本でも円タクという一円均一で現在の東京23区のどこにでも行ける仕組みができました。私鉄の発展と自動車の普及がパラレルに進展していた時代といえるでしょう。*

* その後の研究から第一の消費社会は一九三七年までと定義した方が歴史的には正確だと考え直した。三八年以降戦争が激しくなり消費社会が停滞するからである。だから三十年周期にこだわるなら一九〇八年から三七年が「第一の消費社会」となる。

第二の消費から第三の消費へ

第二の消費社会は一九四五〜一九七四年、戦後から高度成長期までの時代です。この時代に先ほどお話しした中流階級のライフスタイルが一気に普及します。まさに一億総中流社会です。核家族はマイホームやマイカーを購入し、酒屋さんがスーパーカブに乗って配達に来る、そのような時代です。

第三の消費社会は一九七五〜二〇〇四年、オイルショックで高度成長は終わりを迎え、低成長の時代です。消費は家族単位から個人単位に変わり、お父さんのコロナは若々しさがないといって、息子は大学入学祝いにセリカを買ってもらいます。奥さんの買い物の足も昔は徒歩でしたが、自転車、あるいはラッタッタと呼ばれたミニバイクを経て、この時代は車に変化します。そのため車やテレビは一家に一台から一人一台へと、多品種少量生産の時代に入っていきます。

このような時代にはブランドやデザインが重要となります。ファッションでは一九七三年に渋谷パルコがオープンし、車ではソアラやプレリュードなどのスペシャルティカーが人気を博しました。

一九六六年に開業した東急田園都市線が一九八四年に中央林間まで全通するなど、私鉄はすっかり郊外にネットワークを広げ、団塊世代を中心に多くのホワイトカラーが郊外にマイホームを持ちました。東京をはじめとする大都市圏で鉄道網が完成するとともに、マイカーが全国的にも増加したのがこの時代の特徴といえると思います。

第四の消費

第四の消費社会は二〇〇〇年代以降です。一人一台ずつ車やテレビ、携帯電話を持ち、スマートフォンの中に音楽プレーヤーもラジオもテレビもゲームも、すべて入っています。このような時代にあって、多品種少量生産で一人ひとりが自分の好きなものを買う消費社会も飽和してきます。

すると、先ほどお話ししたような45歳以下の世代、子どもの頃からマイホームや車があり、音楽プレーヤーも買ってもらった世代は、消費するだけでは満足できない、幸福になれないと思い始めます。もちろんバブルが崩壊し、給料が上がらないことも一因ですが、そもそも小さいときからたくさんの物に囲まれて育ったため、物の消費に対する執着心が希薄なのです。洋服はパルコではなくユニクロでよい、車は持たず、必要なときにレンタカーやカーシェアを利用すればよい、家も持ち家ではなくシェアハウスでよいと考える風潮が二〇〇五年頃から拡大してきました。

物ではなく、人とのコミュニケーションやつながりで豊かさを感じる、あるいは今持っているものより大きな車や冷蔵庫に買い替えるより、シンプルでナチュラルな暮らしを志向する、このようなパラダイムシフトが起こったのが平成の時代です。第四の消費社会は二〇三四年に終わることになっていますが、おそらくこうした風潮は二〇三五年以降も続くでしょう。

未来の日本の姿

高齢化は今後さらに進み、二〇六〇年には十人中四人が65歳以上の高齢者という時代になります。しかしこれでは社会保障が成り立ちませんので、政府は75歳まで働くことを推奨し、おそらく今後は年金満額支給開始年齢を75歳にするでしょう。

図1は一人の生産年齢人口が何人の高齢者を支えているか示したものです。二〇一五年は0.44

図1　現役世代の負担の比較

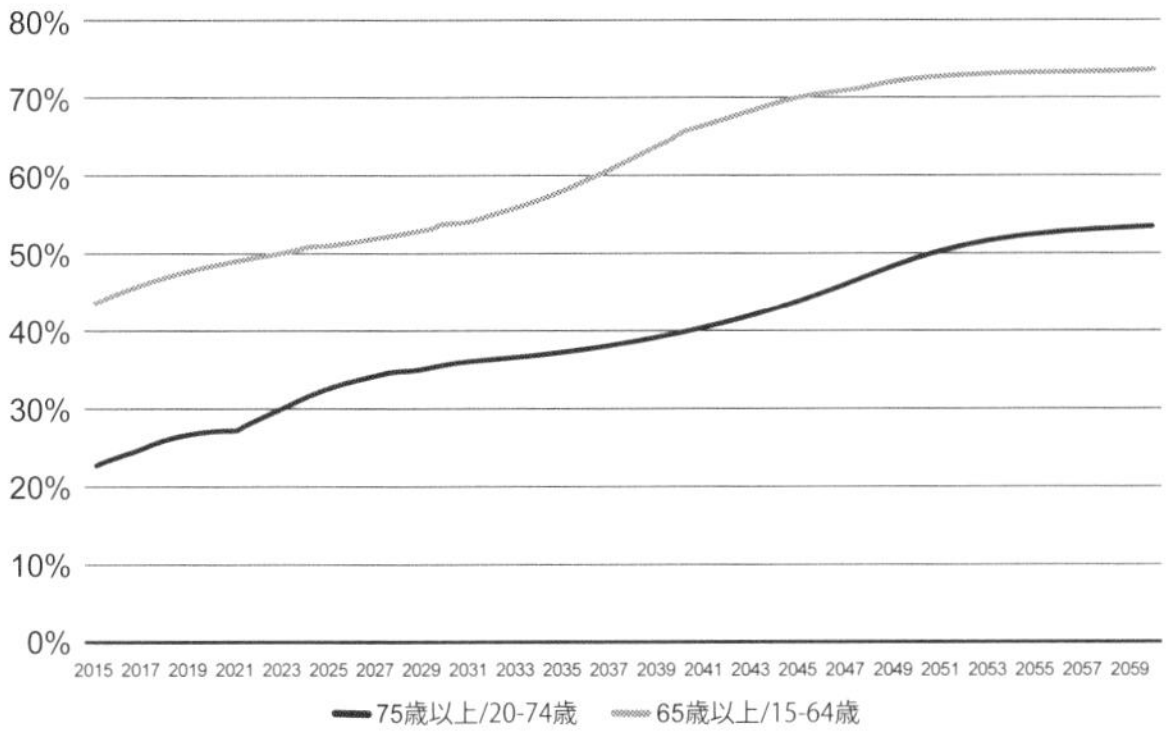

出典：「日本の将来推計人口（平成 29 年推計）」より三浦展作成

人弱ですが、このままでは二〇六〇年に0.74人程度になり、とても耐え切れません。そこで74歳まで働く社会に改め、75歳以上の高齢者を支えることにし、74歳までは支える側に回れば、二〇六〇年には約0.54人と、現役世代の負担は現在よりあまり増えない。これからはどれほど経済的に余裕があっても、60歳で定年して遊んでいようものなら白い目で見られてしまう、そういう時代になると思います。

ケアとシェアが重要になる

しかしいくら元気な高齢者も、20代の若者に比べると病気もケガもしがちです。養老介護しながら働く人も増えます。したがってこれからの社会はケアやシェアが必須になってきます。しかも今までは専業主婦の奥さんが旦那さんや子どものケアをしてきましたが、今は女性も働く時代ですし、中高年の単身世帯も増えていますので、自分でできるのであれば自分でケアし、自分でできなければサービスとしてケアを購入する、あるいはコミュニティの中でケアをシェアする、お互いにケアしあうことが重要になってくると思います。

こうしたシェア社会の進展を反映して、いち早くシェアハウスが普及しました。少し古いデータですが、二〇〇五年からの七年間でシェアハウスの棟数は十倍に増えました。私も昔は、シェアハウスは貧乏な若者が暮らす汚い家だと思っていましたが、最近のシェアハウスは渋谷のカフェのようにおしゃれだったり、伝統的な旅館のようだったりとさまざまで、非常に個性的です。

またコミュニティが形成されているためセキュリティが高いこともあり、シェアハウスで生活している七割は若い女性で、自分の娘が一人暮らしするときにシェアハウスも選択肢の一つと考えるお母さんも三割以上と、シェアハウスの認知が進み、マジョリティに近くなってきました。

シェアハウスのメリットは多様で、先ほど挙げた個性やコミュニティ、セキュリティ面以外にも、飽きたらすぐに引っ越せる手軽さがありますし、大人数で生活するため経済的です。いろいろな仕事をしている人が住んでおり、例えば自由業どうし仕事を融通し合うこともできます。また一般の賃貸住宅を借りるよりハードルが低いというメリットもあります。このため、おそらく今後は中高年やシングルマザーなどがシェアハウスに住むようになっていくでしょう。

一人暮らしの中高年でも幸せに暮らすために

しかし今後さらに高齢化が進み、中高年の一人暮らしが増える社会において、シェアハウスに住まないとしても、シェアハウスのもたらすメリットを必要とする人は増えると思われます。

例えば正社員で給料の高い若い男性は会社というコミュニティに属し、経済的に安定し、セキュリティも大して重要ではないため、現役の間はこうしたメリットにあまり魅力を感じないかもしれません。しかし年を取れば会社を辞めて収入が減り、体力も衰えます。そうするとコミュニティや経済性、セキュリティを求めるようになります。したがって将来的に企業には、こうしたメリットを提供することが期待されるようになると考えられます。

企業ではないが、すでにこうした第四の消費社会で求められるであろうケアやシェアの場所作りに取り組んでいる人は多数おり、杉並区の松庵では若い夫婦が昭和初期に建てられた古い住宅を買い取り、「松庵文庫」と称してカフェやギャラリー、ヨガ教室を運営したり、八百屋さんを呼んだりしています。

また西荻窪の「okatte にしおぎ」では、老若男女が料理を一品ずつ持ち寄ってみんなで食べるコミュニティキッチンを実践しています。今や百人の会員を抱え、カナダのテレビ局がわざわざ取材に来るほど注目されています（13章参照）。高齢化に伴いこれからますます増えるといわれている空き家を活用して、こういった場所が地域単位で作られると、これからの高齢社会に対応できるのではないかと考えています。

コムビニとコモビリティが必要になる

シェア社会の進展は住宅だけでなく、交通にも影響を及ぼしています。かつて「いつかはクラウン」というキャッチコピーがありましたが、第三の消費社会の末期、すなわちバブル末期までは、より大きくて高級な車に買い替えるのが人々の目標とされていました。しかしその後、一部の富裕層を除きコンパクトカーが好まれるようになるとともに、マイカー志向は薄れ、レ

松庵文庫

ンタカーやカーシェアが広く利用されるようになりました。

車もシェアすることで、鉄道やバスのように公共性を帯びてきます。この結果、車は単なる移動手段を越えて、車中での会話などの形で同じコミュニティに住む人々のコミュニケーションを促進し、ひいてはコミュニティを強化する手段となります。私はこれを「コモビリティ」と呼んでいます（図2）。

また住宅地など地域社会の中にもシェアとケアの拠点が必要になります。

私はこの拠点を「コミュニティコンビニエントプレイス」、略して「コムビニ」と呼んでいますが、一階にマッサージルームや託児施設、家庭菜園、小さな店舗があり、二階に

図2　コモビリティの位置付け

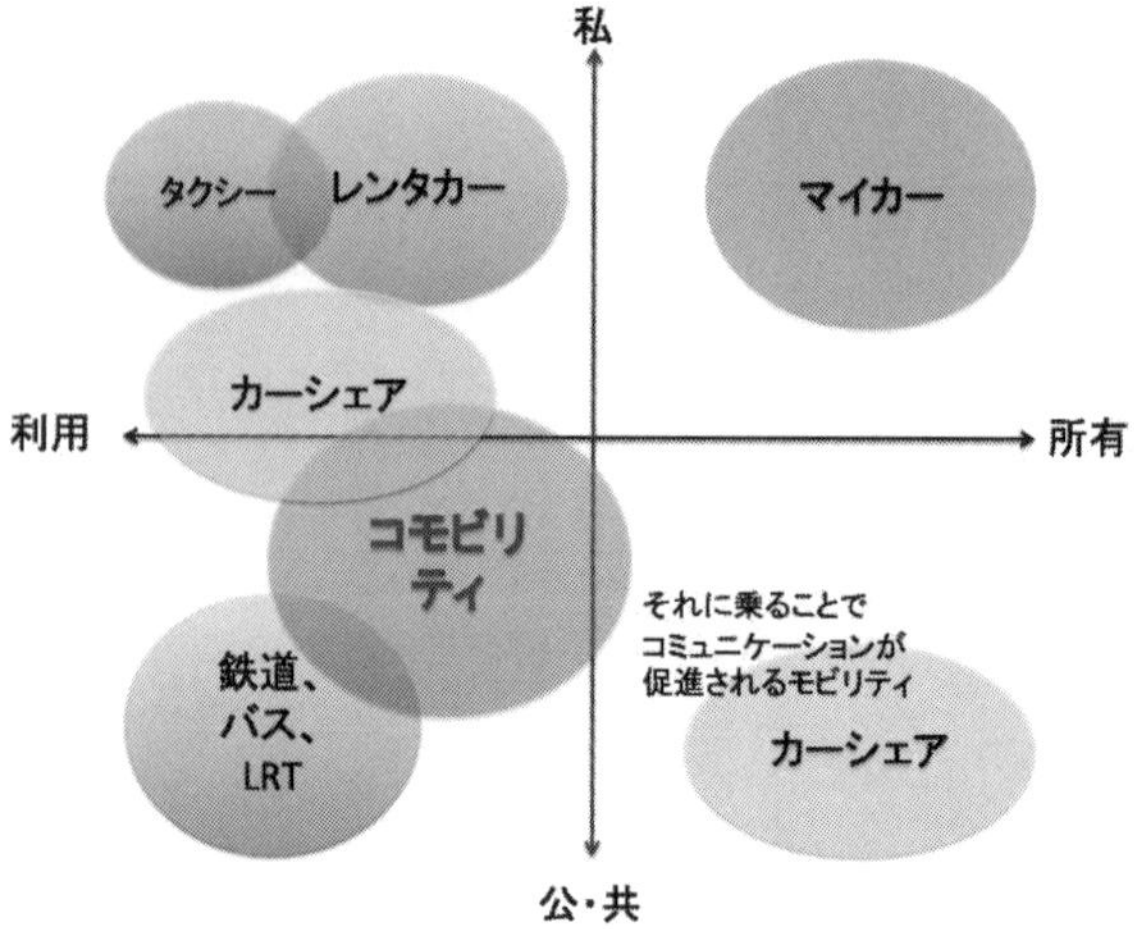

資料：カルチャースタディーズ研究所

はシェアオフィスやシェアハウスがある施設、いわゆるコミュニティリビングがこれからの街に必要だと思っています。コモビリティに乗って、あるいはスマートフォンで呼び出すとコモビリティが来てくれて、それに乗ってみんなでコムビニなどに出かけるような社会になると、みんなのコミュニケーションを図れるだけでなく、経済的でもあるため、豊かで楽しい高齢社会になるのではないかと思います（図3）。

日本の交通の未来を考える上でもう一つ重要なのは、高齢者のモビリティをいかに確保するかということです。高齢者が今後の生活に対しどのような不安を感じているか調査した結果を見ると、一位は「病気」

図3　コムビニのイメージ

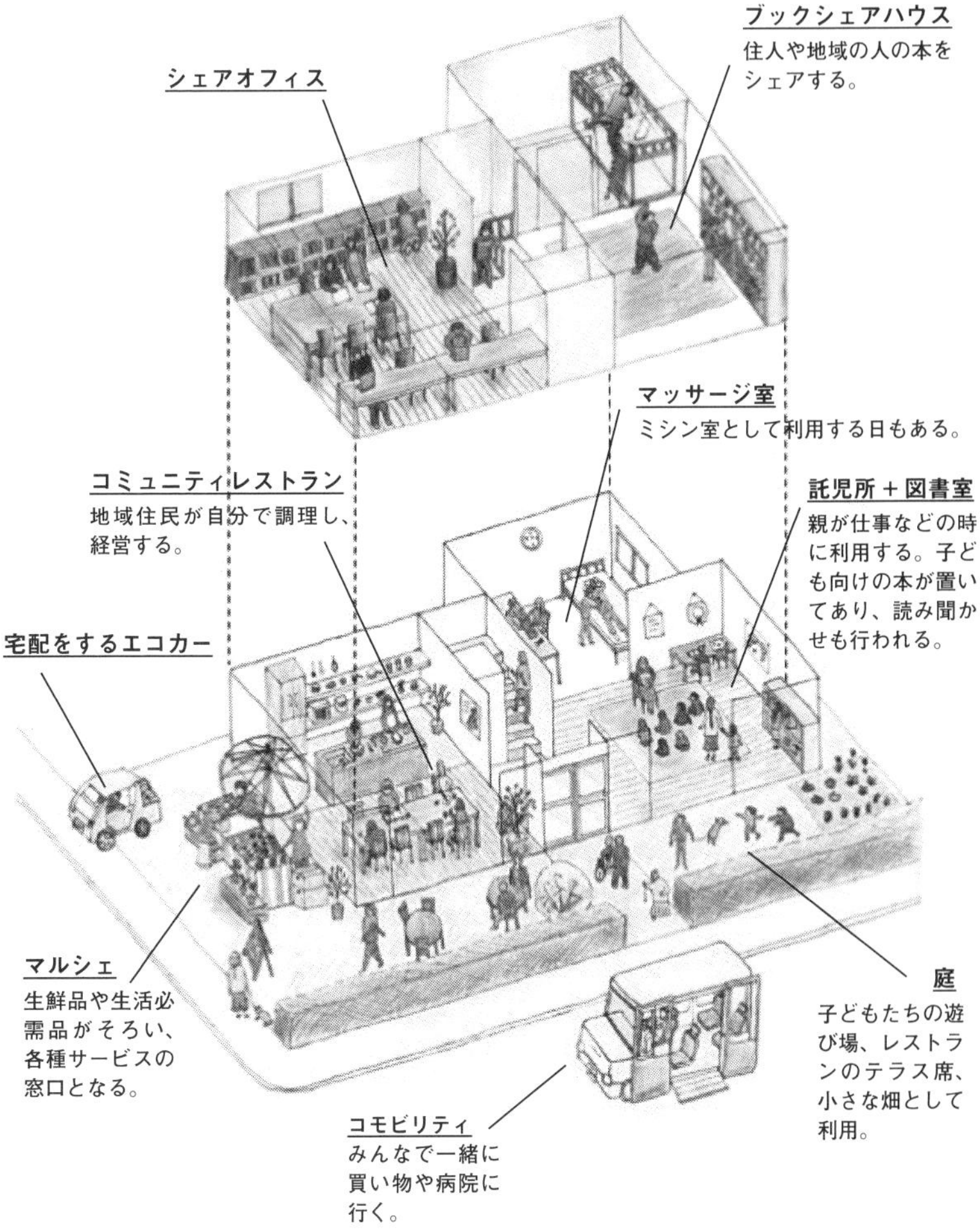
ブックシェアハウス
住人や地域の人の本をシェアする。
シェアオフィス
マッサージ室
ミシン室として利用する日もある。
コミュニティレストラン
地域住民が自分で調理し、経営する。
託児所＋図書室
親が仕事などの時に利用する。子ども向けの本が置いてあり、読み聞かせも行われる。
宅配をするエコカー
マルシェ
生鮮品や生活必需品がそろい、各種サービスの窓口となる。
庭
子どもたちの遊び場、レストランのテラス席、小さな畑として利用。
コモビリティ
みんなで一緒に買い物や病院に行く。

資料：カルチャースタディーズ研究所

図4　高齢者が将来の生活で不安に感じること

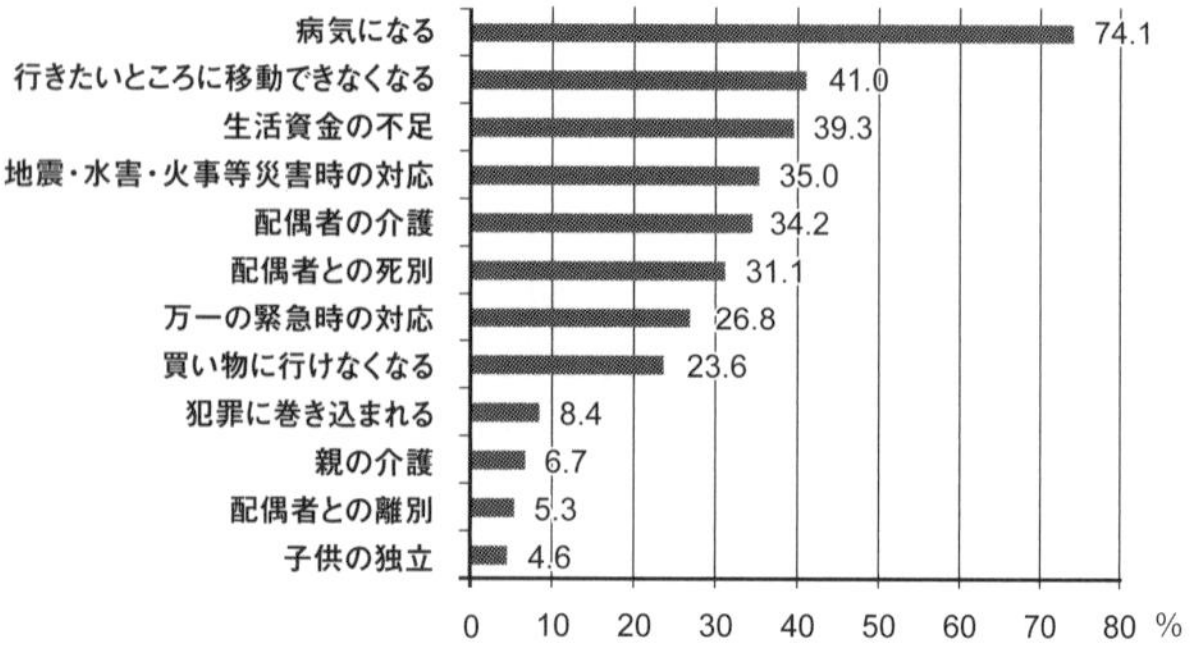

出典：カルチャースタディーズ研究所+三菱総合研究所「シニア追加調査」2015

で二位は「自由に移動できなくなること」でした（図4）。高齢者は経済的なことより、モビリティに制約を受けることにより大きな不安を感じているのです。

中高年の単身者は移動に関連してどのような支出をしているか調査した結果を見ても、中年女性の自動車や自転車への支出はこの十年で増えています。60歳以上の高齢女性の自動車やバイク、自転車、あるいは自動車教習料の支出も増えています。高齢男性も同様に、バイクや自転車への支出が増えており、現代の中高年は移動の自由に強い欲求を持っていると考えられます。これから中高年を迎える人々は自由に移動してきた経験があるだけに、おそらく現在の中高年よりモビリティに対する欲求はさらに強いはずです。

中高年が将来自分で車を運転できなくなったとき、自動運転に頼ることもあるかもしれませんが、すべての車が自動運転に対応するとは思えません。カーシェアや既存の公共交通など、さまざまな手段を利用してコモビリティを実現する必要が拡大することになるのではないでしょうか。

17章　高齢社会と地域社会

ウーバーイーツはシェアじゃない

――近年、インターネットを活用した「シェアリングエコノミー」が注目されています。内閣府の調査ではその市場規模は５０００億円超と試算され、「新たな市場」と見られています。三浦展さんはすでに、二〇一一年に『これからの日本のために「シェア」の話をしよう』、二〇一二年に『第四の消費』を出版され、いち早くこれからの社会のあり方として「シェア」を提案されてきました。三浦さんの提唱する「シェア」のあり方、「シェアコミュニティ」と、ウーバーやエアビーアンドビーなどに代表されるシェアリングエコノミーとは何が違うのでしょうか。

三浦　これからは、高齢化などの理由で行政にも個人にも「お金がない社会」になっていきます。お金がなくても生活の質を高め、生き甲斐を増やすにはどうするかを考えたときに、「シェア社会」「シェアコミュニティ」が一つの解決策になると思っています。広い意味ではシェア的経済でしょうが、今よく言われている「シェアリングエコノミー」のような狭義の経済ではありません。

シェアリングエコノミーが新しいビジネスとして脚光を浴びていますが、たしかに消費者が便益を享受しますが、一番儲けているのはシェアの仕組みを考えた会社です。たとえばウーバーイーツは飲食店同士の宅配のシェアであって消費者はお互いに何もシェアしていない。こういうビジネスには私は関心がありません。そもそも仕組みを考えた人が大儲けしているということ自体、シェアではない気がします。ただシェアリングエコノミーにも、資源の節約などの観点からすればメリットはありますが。

分業とシェアは違う

高度に分業した社会においては、分業により生産力が高まる反面、人間の労働は疎外されていきます。それは福祉の現場でも同様です。分業化された労働に対して対価を払う仕組みだから、たとえば介護保険で来てくれたヘルパーさんに「ついでにゴミも捨ててください」とは言えません。人間が生きていく生活の現場としては不合理だし、非効率的なのですが、そういう現象が起きています。

だったらお金や行政・制度に頼らずに、もっと柔軟に生活ができる仕組みがほしい。そのためにみんながうまくつながればよいのではないか。「三浦さんは、料理はできないけど、本なら貸してくれる」とか、「あの人は料理が得意でみんなに食べさせるのが生き甲斐だけど、掃除は嫌いだ」とか。自分ができることや得意なことや余っている資源と、苦手なこと、できないことを地域社会の中でシェアし合えば、楽しく、自己実現しながら、お金もかけずにうまくやっていけるのではないかと思うわけです。最近増えている子ども食堂にもそういうシェア的な要素を持った所がありますね。

だから「シェア」と「分業」は違います。分業は作業を細かく分割し、専門化することで効率化し、生産性を上げます。その結果、「ネジを回すだけ」といった一人ひとりの作業は、あまり楽しくないことも多く、「疎外された労働」になりがちです。

しかし私の言うシェアは生産性とは関係ありません。「英語を教える代わりに料理をしてもらおう」、「料理してあげる代わりに掃除してもらおう」、「掃除してもらう代わりに英語を習おう」という関係性のつながりを、私はシェアと呼んでいるのです。そこでは「私は料理が得意で好きで、人に料理をつくってあげることが楽しいから料理をする」というコンサマトリーな人たちのつながりをつくるわけで、人を疎外することにはなりません。

人とつなげるのがシェア

「儲けるための道具として人を雇う」というのは「手段的《インストゥルメンタル》」な考え方です。目的はあくまでも儲けること。そのために正社員ではなくパートを雇い、人間よりコストが安ければ機械を使います。しかし、私の言うシェアコミュニティの目的は誰かがお金を儲けることにはありません。

私の事務所のある西荻窪（東京都杉並区）には、「okatte にしおぎ」（13章参照）というコミュニティキッチンがあります。会員が百人もいるので、比較的大きなグループです。しかし「okatte にしおぎ」は、「百人のメンバーがほぼみんな満足している」という意味では成功かもしれないけれど、お金という意味では「なんとか継続できている」という状況です。そもそも

「okatteにしおぎ」ではお金がどんどん回ることや、収入が増えることを成功だとは思っていないでしょう。メンバーも主宰者も「okatteにしおぎは儲かる」からではなく、「okatteにしおぎに行くと楽しい」から参加しているわけです。

消費の形としてのシェアには、中古品を買うことも、シェアハウスに住むことも、銭湯に行くことも含まれます。新品を次々買い替える消費でも、自分だけの財産を増やす消費でもないものを、広義の「シェア消費」と呼べば、いろいろな「シェア消費」があります。

カーシェアではなくコモビリティ

住宅地にタイムズとかオリックスのカーシェアを見かけますよね。でも、それはあくまで個人が利用予約して、その車を使うのです。そうした行為は地域の人が知らない間になされます。私が考えるシェアコミュニティにおけるカーシェアは、たとえば「この地域には免許を返納した高齢者が多いので、そういう人たちが病院に行かなくてはいけない時に、誰かが運転して彼らを乗せていける仕組みを地域で作りました」というものです。つまりクルマに乗ることでコミュニティができていく仕組みです。最近「コモビリティ」と呼んでいます（16章参照）。

私はシェアハウスについてもだいぶ調べて来ました。家賃が安いからシェアハウスを選ぶ人もいますが、今、シェアハウスの住民は正社員が増えていて、収入も高めなのです。だから経済的理由でシェアハウスに住むというより、「楽しいから」、「何らかのチャンスがあるから」、「困った時に助け合えるから」といった理由で住んでいる人が少なくないのです。

生活の質を重視する

シェア的な行動は若い人たちから起きてきました。それは、「今でも高齢者が多くて大変だけど自分たちが年をとったらもっと大変だ」ということに気づいた人たちなんですね。自分が80歳になった時にも経済成長が望めるとは到底考えられないので、今の経済の仕組みではない社会生活ができる仕組みが地域に必要、住み方も、食べ方も、今から変えておいた方がいい、と気づいた人が起こしたアクションです。若い人が、お金ではなく、自分が年をとった時の「生活の質」を考えて行きついたのがシェアだと思います。

不動産業は、売りっぱなし、貸しっぱなしが一番儲かるので、金儲けだけ考えると、住民が楽しくなるように売った後までイベントを企画するなんてことはしません。シェアハウス運営は面倒くさいので、どんな会社でもやりたいという事業ではない。好きでないとできないのです。

そのせいか、シェアハウスは二〇〇五年から一五年ごろまでは急増しましたが、今はジワジワとしか増えていません。住みたい人は多いのですが、物件の所有者がシェアハウス経営に興味があるとか、運営会社が増えるなど、様々な条件がそろわないとできないのです。

「小さな経済圏」で営まれる多様なシェア

――シェアコミュニティは今、どのように広がっているのでしょうか。

三浦　みんながシェアハウスに住むのがシェアコミュニティではありません。その人なりのシェアの仕方はいろいろあります。土曜日だけ書斎や茶室をみんなの談話室に使うとか、蔵書を少し貸し出すとか、時間的にも空間的にも、部分的なシェアなら、もっとたくさんの人が参加できるはずです。

庭の梅の木に実がなっていても、高齢者だけの世帯だと、もう梅干しも梅酒もつくらなくなっています。だからせっかくなった梅の実を捨ててしまう人もいます。「だったらその要らな

「okatte にしおぎ」の食事の様子

い梅をタダでください。私たちが梅酒にしますから」という活動もシェアです。梅でも、柿でも、みかんでも、かりんでも、びわでも、それらは街の果樹園みたいなものでしょう。そういう街並みを守ることとシェアコミュニティの目的は一致していくと思います。「みかんも柿もなっているこの街並みが好き」とか、「干し柿を作った昔ながらの暮らしを維持したい」と思う人が地域を担っていく。そういう活動が豊かな暮らしにつながります。

シェアハウスに居住している人の実家が農家で、居住者みんなで田植えに行ったとか、いつも新鮮な野菜を送ってもらっているとか、実家から送られたお米が家賃の代わりとか、実際に色んな「シェア的な暮らし」をしている人がいます。シェアハウスなどのシェアの拠点を中心に、「小さな経済圏」を作っているわけです。これこそが現代のキーワードです。

シェアハウスの掃除をすると家賃が下がるという「収入付きシェアハウス」というのは以前からありましたが、今はもっと多様になっているようです。毎月決まった家賃を大家に払うのではなくて、お米をくれたから、料理をしてくれたから家賃が安くなる。高齢者の見守りをすると下がるとか。

高齢者だけが暮らすシェアハウスには限界があるかもしれないけれど、若い人と一緒ならば可能性がありますね。若い人は、高齢者には難しいこと、例えばスマホの使い方を教えてあげるとか、携帯会社に必要のないお金を取られていないか料金プランをチェックする。代わりに高齢者は料理の仕方を若い人に教えるとか。そういう関係づくりが大事になっていきます。

都市と農村だけでなくて、都市の中でも小さな経済圏は成り立ちます。先ほど言った、梅の例もそうです。

たとえば今後、シェアハウスに住む高齢者は増えると思いますが、大きい家だと維持管理も含めて高齢者だけの日々の暮らしは大変です。でも家を売るのは惜しい、まだ老人ホームに行くほどではない。足も動くし認知症でもない。でも一人で暮らすのは何か寂しい。そうしたら、老若男女共同で住むシェアハウスに住んだ方が楽しいかもしれませんよね。そしてシェアハウスの若い住民たちに、時々自宅の掃除をしてもらい、最後にパーティーをするといったシェアもあり得ます。今の若い人は和風の古民家が好きですからね。

――自分の手の届く、確認できる範囲の「小さな経済圏」での暮らしを考えることが大切なのですね。

三浦　シェアハウスは、やはりある程度かっこよくデザインされているのがいいんです。ここで「かっこいい」というのは、活動する意欲が湧いてくるとか、人を集めたくなる、集まった人を前にして何かを表現したくなるという意味です。それが社会デザインなのです。

消費ではなく「体験する価値」が求められている

――相互にできることを出し合って成立するシェアコミュニティには、協同組合的な側面がありますね。

三浦　企業ではできないことをみんなでやろうとしてできたのが生協でしょう。生協は生産と消費の顔の見える関係をつくろうとしていたのだけれど、一人暮らしにも対応できる個別の配送にしたら顔が見えにくくなってしまった。品質の良いものを求めるだけなら、スーパーで有機野菜を買うのと同じで、「アマゾンでホールフーズ・マーケット（アメリカの自然食品スーパーマーケット）の食品が買えればいい」ということになってしまいます。

「私は私なりに自分の思う良い暮らし、豊かな暮らしがしたい」と思った人は、自宅のある地域の中で顔の見える関係を作って、安心・安全な食べ物も使って、隣の家の梅や柿の木も使って、シェアコミュニティをつくっていくほうが、生協の個配を利用するだけよりも楽しいでしょうね。

生協は顔の見える関係の魅力をもっと伝えていくべきです。今は実際の農業の現場に行って作業を手伝ってみることが、消費者にとっては魅力なんです。そこに価値があり大事だと思っている親は、子どもにそういう体験させるためにお金を払います。

今の消費者はそういうことを「消費」したがっています。あるニュータウンではカラオケ大会をしたんですが、カラオケ大会を仕組みとして売っている会社があるそうで、そこを利用したそうです。ニュータウンでは、近所にカラオケボックスもスナックもないので、家で歌うだけでは満足できずみんなの前で歌いたい人がいる。だからカラオケ大会を企画すると、参加費が五千円もするにもかかわらず、人がたくさん集まるそうです。「みんなで集まって体験する」ことに金を出すわけです。

たとえカラオケでも、それはコミュニティにとっていいことです。「あの人、知らない人だけど歌が上手いね。面白いね。今度ちょっと声かけてみよう」とか、高齢化したニュータウンのコミュニティづくりに役立ちます。

コミュニティづくりをする上で最適なのは一緒に食べることです。趣味の集まりだと、同じ興味のある人しか集まりませんが、だれもが行ってみようかと思うのは食べることですね。だから「共食」の場をいかにつくるかが大事です。

阿佐ヶ谷　おたがいさま食堂

今は、たいていの人は、単なる衣食住には不満はないし、特に買いたい物もない。そういう人たちも、みんなで何かをする場所を欲しているんです。みんなが集まれる場をどうつくるかが大切です。そう思わない人が来ないのはしょうがない。シェアを必要としてない人に強制する必要はありません。

シェアハウスでもコミュニティキッチンでも、シェアの場が外部とつながれば、地域のハブになります。シェアハウスなんて最初は地域の人に怪しがられるものなので、外に開くことが大事なのです。

シェアハウスの住人が自分で作った雑貨を路面で売ってみたら声をかけてくれる人がいて、「ここ何なの？」「シェアハウスです」「何を売っているの？」「自分の作った雑貨です」「あら、私、雑貨屋なんですよ」とか「デザイナーなんです」という会話が始まります。

そうやって家を開いていくことで、どんどん人がつながっていって、シェアコミュニティの仕組みになっていくのです。

18章　介護現場は「人間の居る場所」たりうるか？

入所した途端「要介護1」「要支援2」という記号で扱われてしまう

――三浦さんは、著書である『下流老人と幸福老人』（光文社新書）の「あとがきにかえて」で、お母様が老人ホームに入所された事実に触れられています。今、お母様はお元気でお過ごしでしょうか。

三浦　私の母は今年88歳になります。新潟の実家で一人暮らしをしていましたが、足と背骨を悪くして歩けなくなったので、二〇一五年十二月、JR中央線沿線にある介護付き有料老人ホームに入所しました。高齢になってからの転居は精神的にもダメージをもたらすことがあるので心配しましたが、幸い適応してくれました。

母が入所して四ヵ月後の二〇一六年四月、私は『人間の居る場所』（而立書房）という著書を上梓しました。一言でいえば、「都市や郊外に人間の居場所をどのようにつくっていけば良いのか」について、建築や空間デザインの専門家などと論考と実践を重ね、まとめた一冊です。

その本をホームの母に手渡したところ、「タイトルがとても良い！」ととても気に入ってくれましてね。「人間の居る場所はどうあるべきか、私もこのホームに暮らしながら、ずっと考え続けていきたい」と言ったのです。

母の言いたいことはすぐにわかりました。彼女は、自分の今暮らしている老人ホームに適応してくれましたが、果たしてそこが人間の居る場所としてふさわしいのかどうか、入所以来ずっと自問していたのでしょう。

スタッフの人たちは確かに一生懸命働いてくれているけれど、母からすれば、入浴も食事もすべて他人任せであることが、むしろ自分の存在理由に関わる問題なわけです。それまでは足が悪くても自分の食事は自分でつくっていたので。そういう意味で母にとっては「自立」して生活できる場所ということが、「自分が人間として居る場所」の大条件だったのでしょう。

だからこそ、こんな生活が、果たして自分の人生と言えるか、自分の居る場所なのか、と問うわけです。「人間の居る場所」とは何か。それを私たちみんなで考えることが、超高齢社会を迎えた今の日本に必要なことなんじゃないか、と。

——お母様が老人ホームに入所されたことで、高齢化社会の問題を改めて考えてみようと思われたのですね。

三浦　そうなんです。例えば母のホームでは、入居者全員が書道と俳句を習ったりします。しかし、母は書道の師範でもあり、若い頃から短歌を詠むので、もちろん、短歌と俳句とではジャンルが異なりますが、書道や俳句を習うより自分の時間を増やしてもらったほうがありがたいと思っているのではないか。学校みたいに全員一律でいいのかどうか。

それでも古い教育を受けた辛抱強い母は、文句は言わない。でも、このように、入居者の個性とは関係なく全員一律に扱うやり方は、今後は改善されていくべきものでしょう。

老人ホームに入所した途端、それまでのそれぞれの人間の経歴やスキルが捨象されて、単に「要介護1」とか「要支援2」という「記号」で扱われる面がある。業務上は仕方ないのですが、しかしそこを今後なんとかできないかとは思いますね。自分が施設に入ったときのことを考えても。

みんな制度に縛られてしまう

――なぜ、そうなってしまうのでしょうか。

三浦　それが老人ホームという「制度」だからです。合理的に経営するにはどうしてもそうなる。

建築家の山本理顕さんの受け売りですが、私たちの社会は制度に合わせた施設でできています。「制度」を意味する英語の institution が「施設」という意味でもあるのは象徴的ですね。

6歳になると小学校に入学し、12歳で中学校に入学し、病気にかかれば病院に入院するし、高齢になって自立した生活が難しくなれば、老人ホームに入る。これらはすべて「制度」で決められた「施設」です。

学校という施設が嫌で不登校になる子供はたくさんいます。入院しても、家に帰りたいと叫ぶ患者もたくさんいる。老人ホームも本当は家に帰りたい人ばかりです。それでは、何だか寂しい気がします。

だが私たちの社会では、制度に従い、それぞれの年齢・能力・健康状態・経済状態に応じて、誰もが何らかの施設に否応なく囲い込まれていきます。

――そうですね。強制感はどうしても残ってしまうような気がします。

三浦　そもそも「施設」という言葉に、あまり良いイメージはありませんよね。更正施設、児童福祉施設などなど。なにか問題があると入れられる場所というイメージがある。学校にしろ、病院にしろ、老人ホームにしろ、できれば誰も入りたくないのではないでしょうか。

にもかかわらず、それらに入らざるを得ないのは、それらが、金銭的なもの、健康状態、学力、犯罪の重さなどに従って人間が割り振られる制度になっているからです。

学校という施設が近代化の中で必要であったことは認めましょう。近代化のためには、いろいろな分野で人材を大量に育てなければなりませんでした。そのためには、学校という教育施設で、すべての子供が基礎的な知識を学ぶことが必要だったからです。

と同時に、早く問題が解ける子と解けない子にふるい分けて、早く解ける子は一流大学へ、解けない子は労働者へ、というふうに選別する機能を学校は持つ。これは教師ひとりひとりがどんなに人間重視であっても、機能としては学校はそういう結果をもたらす。

学校が、習熟度別に学べるとか、算数が得意な四年生は六年生と一緒に算数を学べるが、その子は国語は苦手なので国語は三年生と一緒に学ぶ、という融通が利いて、得意なことはどんどん伸ばせて苦手なことはゆっくり克服できる教育なら、もっとどの勉強も好きになるかもしれません。

が、勉強が好きな子どもばかりでは困るという考えが、人間をふるい分ける制度の根本にある。労働者のほうが社会にはたくさん必要ですから、学校は子どもにだんだん勉強をわからなくして、つまらなくして、階層上昇をあきらめさせる機能を持つわけです。

話がそれましたが、老人ホームも老人を集めて管理する。介護の現場は絶対的に人手不足であり、入居者への対応が効率優先にならざるを得ない。ホームにいるのが嫌だなあ、もう死のうか、と思わせると言っては言いすぎですが、結果としてそういう気分になるように制度的に設計されているところがある。ひとりひとりの職員の気持ちは、ホームにいるのは楽しいなと思ってほしいというものでしょうが、制度的にはそうではない。

病院もそうです。病院は居心地がいいなあというふうには制度的に設計されていない。早く出ていきたくなるように設計されているのです。

公園も制度になっている。ボール遊びをするな、犬を連れてくるなと禁止事項ばかりです。行きたくなくなる場所になっている。制度になるとどこも行きたくない（生きたくない）場所になるのです。

お寺のおばあちゃんの生き方が懐かしい

――三浦さんは、『人間の居る場所』に収録された「都市は自由な人間の居場所」というエッセイの中で、「都市の魅力とは、まず第一に自由があることだと私は思う」と書かれています。高円寺（東京都杉並区）を例に挙げて、都会的でもないし、ブランドショップや駅ビルもない代わりに、「人を集める都市的な魅力がある。つまり自由が感じられる。それは消費者が集まる場所というだけではない、人間の居る場所としての魅力だ」と。三浦さんが重視している「自由がある」とは、どういうことでしょうか。

三浦 「自由がある」とは、まさに制度に縛られていないということですね。制度に縛られず、自由に行動できることが人間には必要です。

「人間の居る場所」、特に「お年寄りの居る場所」をイメージするとき、私はいつも、幼い頃に預けられていたお寺を思い出します。

お寺に預けられるなんていうと江戸時代みたいですが、私の両親は共働きで、私は3～4歳の頃、朝から夕方まで、家の隣りのお寺に預けられていました。そのお寺は四世代八人家族で、ひいおばあさん、住職とその奥さん、住職の息子夫婦と子ども三人で暮らしていたのですが、白髪のひいおばあさんが動いているところを、私はほとんど見た記憶がない。もうずっとほとんど同じ所に座っている印象しかない。

それでも、ひいおばあさんより下の三世代の家族七人は、「おばあちゃん、行ってくるよ」「今日も暑くなるから気をつけてね」などと次々に声をかけ、毎朝勤め先や学校に出かけていく。そのときの様子を、老人ホームで暮らしている母が、盛んに懐かしむんですね。「あの頃は良い時代だった」と。

――おばあさんの毎日はどのような暮らしだったのでしょう。

三浦　僕は小さかったから記憶がないけど、母の記憶だと、昼飯なんて朝の残りの冷えた味噌汁と冷や飯ですよ。今は保温しちゃうから若い人は知らないと思うけど、冷や飯も冷えた味噌汁も甘くておいしいんだよね。それはともかく、ひいおばあさんはいつも、昼飯なんて簡単に済ませていたと思う。おかずなんて、せいぜい梅干しくらいで。

一方、現代の老人ホームでは、毎日朝昼晩とバランスの取れた食事がきちんと供されるし、おやつまで出てくる。大変ありがたいことだが、でも、そんなに食欲がないから、全部食べきれないんですね。たまには「冷えたご飯に冷えた味噌汁をかけるだけで良い」なんて思っても、そんな希望は通りません。

ホームでの食事は給食であり、制度だから、一定の栄養を与えたことにしないといけない。実際は食べ残す人は多いと思いますが、一定の栄養基準を設けないと、質の悪いホームはほんとに毎食ろくでもない食事しか与えない可能性もあるから。

そういうことから思えば、お寺のひいおばあさんの暮らしは自由だったと言える。折に触れて母があの頃の生活を懐かしむのも、私にはよくわかります。

サービスを消費するだけで「生きがいを持つ」のは難しい

――お母様にとって、老人ホームがどのような場所になれば、「人間の居る場所」だと感じられるようになるのでしょうか。

三浦　自分が自分らしく自立して存在できる場所になればよいのでしょう。自立できないからホームに入ったので矛盾していますが、どこまで自立や自由が許容されるかが重要です。

そこには、自分という存在が承認されるための、空間と時間が必要なのだと思います。新潟で一人暮らしをしていた頃の母は、歩行器を使えば動けたし、料理も風呂もトイレも自分ででき ていました。「自分のことは自分でする」が母の口癖で僕たち兄弟もそう言われて育ちました。

また母は愛他的な人ですので、人を世話するのは好きだが、世話されるのは心苦しい。だから自分のことが自分でできない、人に世話をされているというのは、母にとって母の居る場所がないということなのでしょう。

ただ田舎でも、掃除と洗濯ができなかったので、友人でもある3歳年上のおばあちゃんがヘルパー的な役割で家に通ってきていましたね。そのおばあちゃんは80代後半になっても足腰が丈夫で、台に上って神棚の掃除もできたし、雪の中を病院に薬を取りに行ったりできた。母親ができないことは何でもやった。そうやって一仕事済ませてから、母と二人でお菓子を食べてお茶を飲むのがおばあちゃんの楽しみだったようです。

そのおばあちゃんは八十年間ずっと働きづめで、働くことが彼女の生きがい、彼女の存在そのものなんですね。人のために働くというのが生き甲斐なのです。

——そのおばあちゃんは働くことで、周りから承認されていたんですね。

三浦　その通り。実は私の母だってそうなんですよ。母はホームに入る直前までは何時間もかけて煮豆を作ったり、生のイチゴからジャムを作ったりしていました。それと何よりも、いろいろな人の悩みを聞いてあげていた。母は傾聴が大得意なんです。足と心臓が悪くても、母にできることはたくさんあったんですね。

ところが、ホームに入居するとそんなことはできません。毎日与えられたものを食べ、指示されたとおりに運動をし、風呂に入れてもらう。ありがたいことですが、自分のことは自分でするがモットーだった母は自分が生きていることを実感しにくいでしょう。

人間はやはり、自分で日々の生活をしてこそ人間だと思う。現在の彼女は、月何十万円分の介護サービスを消費するだけの存在でしかなくなる。そこに人間とは何かという根本に関わる問題がある。

団塊世代が施設に入ると「もっと好きにさせろ」というケースが増えそう

——一般的に「団塊の世代」と言われるのは、一九四七〜四九年に出生した人々。その出生数は三年間合計で八百万人を超えている。今も六百万人います。彼らも四年後の二〇二二年からいよいよ後期高齢者に突入します。そのとき介護の現場では、どのようなことが起きると想定されていますか?

三浦　団塊の世代が後期高齢者になると、施設には入れる人が減るでしょうね。それについては彼ら自身も認識しているようで、老後にお金がかかることは自覚しているし、子どもに迷惑はかけたくないと思っているし、「ピンピンコロリで逝きたい」という人が実に多い。もちろん、そう都合よくいくはずありませんが。

入所した場合、今まで以上にトラブルが発生する可能性もあります。現在、老人ホームに入居している私の母たちの世代は、戦中・戦後の厳しい時代を生き抜いてきた経験から、何事にも我慢強く、不平不満を口にしない人が多いですね。

でも団塊の世代は、戦後民主主義の申し子という意識があり、個人主義が強まり、また、高度成長期からバブル期を謳歌してきたので、彼らより上の世代に比べて自己主張が強い。人それぞれ、個性を重視して欲しいと言い出すでしょう。「もっと好き勝手に生活させろ」と。

でもそれは「人間の居る場所」を求める当然の意見でもあるのですね。その一方で、彼らを介護する立場の若者たちは、社会のあらゆる場面で、我慢することに慣れていない人が多い。そんな両者が対峙するのですから、大変でしょう。

――団塊世代が押し寄せる前に、高齢者施設サイドで何らかの対策を取らなければいけなくなるかもしれません。

三浦　現在の介護制度を全面的に改変することは難しいでしょうが、何とか別のオルタナティブが考えられないものか、検討すべきでしょう。いちばんよいのは、団塊世代による団塊世代のための新しい介護手法を団塊世代によって開発してもらうことです。団塊世代は人間の解放や感性の自由を求めて活動した人が多い世代でもあるので、うまくいけば新しい介護の仕方、「人間の居る場所」としての介護を生み出す可能性もあるでしょう。

団塊世代は子どもや孫との郊外での「ゆるやかな大家族」を望んでいる

――三浦さんは『団塊世代を総括する』（牧野出版）という著書の中で、団塊世代の老後を予測していますね。

三浦　二〇〇三年という少し古いデータになりますが、団塊世代に対して、「老後、お子さんとどのくらいの距離に住みたいか」を聞いたところ、「完全に同居したい」が3.1％、「二世帯住宅または同じ敷地内の別棟に住みたい」が19.5％、「歩いて十分以内の近い場所に別々に住みたい」が34.3％、「歩いて十分以上の場所に別々に住みたい」が35.9％でした。

歩いて十分以内を「近居」とすると、全体の67％が同居または近居を望んでいることになります。これらの数値は一九八九年の同様のデータとほとんど変わっていないので、おそらくこれが高齢者の本音なのでしょう。そのへんは前の世代と余り変わらないのでは。

団塊世代のこうした特徴を、私は「ゆるやかな大家族」と名付けました。高度成長期に地方の農村部から大都市圏に大挙してやってきた彼らは、大都市圏の郊外に購入したマイホームを第二の故郷と想定しつつ、その近くに子どもや孫を配置して暮らそうとしています。つまり、自分が生まれ育った地方農村部の大家族主義を、大都市郊外でゆるやかに再現したいと考えているようです。実際に実現できるかはまた別問題ですが。

とはいえ、自分が要介護状態となったときに、「子ども世帯に面倒をみてほしい」と考えているのは5.9％程度です。最後の最後には、子どもたちに迷惑をかけたくないのです。では、一体誰に面倒をみてほしいと考えているのか。

――順当にいけば配偶者ということになりますよね。

三浦　団塊男性の53.6％は「妻に面倒をみてほしい」と考えているのに、「夫に面倒をみてほしい」という団塊女性は30.3％のみ。男女で実に23ポイントの開きがあります。

普通は女性のほうが長生きするので女性の数値が低いのはある意味当然ですが、男女で差が開きすぎているようにも思えます。団塊世代の男性の多くは、家事のほとんどすべてを妻に依存してきたと考えられますから、最後も妻に甘えようと考えているのかもしれません。

一緒に何かを楽しめる人が増えれば、本人の幸福度は確実に上がる

――団塊世代が高齢者施設に入居するようになると、他にはどんな現象が起こりそうでしょうか？

三浦 入居者同士がただちに音楽バンドを組んで演奏を始めるかもしれませんね。団塊世代はそれまでの世代に比べて洋楽好き、しかも、音楽への関わり方としては、聴くだけでなく演奏する人が増えた。

そんな彼らが、例えば地元の音楽サークルを招いて開催される「音楽鑑賞の夕べ」なんかを黙って聴いているはずがありません。「趣味に合わない音楽を聴かせられるくらいなら、自分たちの好きな音楽を演奏させろ」などと言い出すに決まっています（笑）。

――グループ・サウンズ世代とも重なりますね。もし、高齢者施設で本格的にバンド活動が始まったとしたら、施設側は防音室を用意しなければならなくなるかもしれません。

三浦 バンドのメンバーがお互いにテクニックや専門知識を教え合う関係になるというプラス効果が生まれる可能性もあります。

例えば、ギターの得意な人が弾けない人にギターを教えたりとか、代わりに何かまったく別のことを教えてもらうとか。教えたり教えられたりするシェアの関係がうまく構築できれば、居心地の良い場所ができるはずです。

――イメージするだけで楽しそうな生活環境ですね。

三浦　『下流老人と幸福老人』の中にも書きましたが、さまざまなアンケート調査の結果をみても、友人関係と幸福度の間にはきわめて密接な関係があります。一言でいえば、「お金はあっても友人がいない人より、お金はなくても友人がいる人のほうが幸福度は上がる」。友人はその人にとって、かけがえのない大切な資産・資本になり得るのです。

そのため社会学では、友人や趣味の仲間をsocial capitalと定義している。social capitalは通常「社会関係資本」と訳されますが、それでは意味が通じにくいので、〝人間のつながり、仲間〟というsocialの意味を踏まえて私は「人間関係資本」と訳しています。「仲間資本」と言っても良い。

この人間関係資本を数多く持っているほど、その人の生活は豊かで幸福になれる。一緒に何かを楽しめる人や知恵を貸したり借りたりできる人を増やしていけば、本人の幸福度は確実に上がるはずです。ここに、高齢者施設を「人間の居る場所」に作り変えるための、重大なヒントが隠されているのではないでしょうか。

入居者たちの間で手や知恵を貸し借りする関係があれば、施設はもっと楽しい場所になる

――それは、どんなヒントなのでしょうか。

三浦　その前にスキルをシェアする話をします。『これからの日本のために「シェア」の話をしよう』（NHK出版）という本にも書きましたが、その試みは「時間貯蓄」という概念に基づいています。「時間貯蓄」とは、住民が自分の持つスキルを広く公開し、そのスキルを時間単位で交換できるシステムのことで、人間関係が希薄になってしまった中国・上海の団地から始まりました。

例えば、Aという英語の得意な人がBという人に英語を「一時間」教えてあげれば、Aさんには「一時間」の貯蓄ができます。その「一時間」は何に使っても自由なので、今度はAさんが大工仕事の得意なCさんにお願いして、一時間かけて自分の本箱を作ってもらうこともできます。そうやって、自分の得意なことを時間単位で誰かに提供すれば、代わりに誰かの得意なことを時間単位で享受できると同時に、コミュニティ内の人間関係を深めることもできるシス

テムです。

同様の試みは、茨城県取手市にある井野団地の「とくいの銀行」にも見ることができます。この「時間貯蓄」のシステムは、見方を変えれば「人間関係資本」の形成にも役立ちます。住民同士、手や知恵を貸しあえる関係を作ることができれば、当然そこから友人関係に発展するケースも考えられますから。


――友人と過ごす時間が増えれば、その人の幸福度もアップしますね。


三浦　この「時間貯蓄」と「人間関係資本」の考え方を応用すれば、老人ホームなどの高齢者施設も、もっともっと居心地の良い場所に変えていくことができるはずです。

例えば、こんな方法はどうでしょうか。まず、一人の高齢者が施設に入居するごとに、その人の好きなこと、得意なことを聞き取って、それを「銀行」に「貯蓄」します。その情報を一施設だけでなく、周辺の地域にある10〜20ヵ所の高齢者施設全体で共有すれば、それは数百人分の「私の得意なことカタログ」になります。

そのカタログを誰でも自由に閲覧できるようにしておく。すると、カタログを見て興味を持った人が、「パッチワーク・キルト作りが得意なCさんに作り方を教わりたい」と思ったり、「戦国時代のお城を研究しているというDさんの話が聞いてみたい」と思ったりする人が出てくるかもしれません。そうやって教える教わる関係をつくっていく。

このように、高齢者施設で暮らす入居者たちの間で、自分のスキルに応じて手や知恵を貸しあう関係が少しずつ形成されていけば、施設は、単に受動的にサービスを受けるだけの場所ではなく、もっと楽しい場所になるはずです。

『第四の消費』にも書きましたが、人は「消費」では決して深くはつながりません。仕事、知識などを「提供」したり、一緒に働いたりすることで初めてつながる。あるいは、人から「ありがとう」と言ってもらえて、承認されます。そして他人から承認されることで、大きな幸福感を得ることができるのです。

キュウリをスーパーで買っても感謝されないけど、自分の作ったキュウリを誰かにあげて「おいしいね！」と食べてもらえれば、すごく嬉しい。「消費」ではなく、仕事や「提供」が承認につながるというのは、そういう意味です。

――高齢者施設で入居者同士が時間貯蓄を行い、人間関係資本を増やしていけば、やがて施設は「人間の居る場所」に近づいていくんですね。

三浦　そうなればいいなあ、と思います。考えてみれば、手や知恵を貸し借りする関係は、地域社会や会社における人間関係の基本です。人は万能ではないし、人間誰しも得意不得意がある。それぞれの個人の足りない部分をお互いに補い合っていかなければ、地域社会の生活はきっと成り立たなかったはずです。

喫茶ランドリーは街の老若男女にゆるいつながりをもたらしている

――これまで三浦さんは、社会問題解決型団地やシェアハウス、シェアタウンなど、現代人が生活の質を高めるために必要な「新しい住まいの形」をいろいろ提案されてきました。また、全国各地で草の根的に誕生している新たなコミュニティ・スペースについても精力的に取材されています。三浦さんが今注目している事例を教えてください。

三浦　最近取材して面白いと思ったのは、東京都墨田区の「喫茶ランドリー」ですね。原型は、デンマークのコペンハーゲンでよく見かける「ランドリーカフェ」。これはコインランドリーとカフェを一体化させたお店で、もともとは「持ち込んだ洗濯物が仕上がるまで、お客さんにはおいしいコーヒーを提供して待っていてもらおう」という店舗らしい。

墨田区の喫茶ランドリーは、コペンハーゲンのランドリーカフェより、さらに多用途化しています。大テーブルがあって、キッチンがあって、半地下と一階の喫茶スペースがあって、この店舗を運営管理している会社の事務所もあって。それらがすべてオープンスペースでゆるくつながっています。そして、この喫茶ランドリーの最大のウリは、使い方に決まりもルールもないこと。まさにまったくの自由空間なのです。

家事をしている姿を人に見られることが承認となり、幸福感をも生み出す

――普段の喫茶ランドリーは、店舗として営業しているんですか？

三浦　はい。飲料、ケーキのほかに、洗濯＋乾燥コーヒーセット九八〇円なんてのもあります。ミシンが二百円、アイロンが百円で使えるうえに裁縫箱も用意されているので、洗濯物をここでたたんで、アイロンがけして、ボタン付けまでできてしまう。子連れ大歓迎で、子どもの食べ物は持ち込み自由。しかも、リノベーションされたばかりの店内はガラス張りで明るく、おしゃれ。

ここを真っ先に利用し始めたのは、地元で暮らす30代の若いママたちです。ここに来れば、子どもを遊ばせながらママ友とおしゃべりできるし、家事もできるし、食事もできる。大テーブルはパン生地をこねるのにうってつけで、キッチンのオーブンで手作りパンも焼けます。ま

喫茶ランドリー。ランドリーやミシンのまわりに子どもが集まる

た、店内の一角またはすべてをレンタルスペースとしても活用できるので、誕生日会や立食パーティー、講演会に展覧会など、さまざまなイベントで使われています。

——店舗なのに、ここで家事ができるというのはユニークですね。

三浦　ママたちには、その点が好評のようです。普段、ママたちがいくら家事に頑張っていても、その様子は誰からも見られることはないし、評価もされません。ところが、喫茶ランドリーに来て家事をしていると、別のママやその子どもたちの、あるいはガラス越しに通行人の視線を感じる。

その多くは「おっ、頑張ってますね」という好意的な視線であり、あるいは、よその子どもたちが興味津々で見入っていたりする。それがママたちには快感なんですね。時間貯蓄と人間関係資本について述べたように、自分の仕事ぶりが他者から承認されれば、それがそのまま幸福感につながるからです。またガラス越しに仕事をする人が見えることのメリットについては有名な建築書であるアレグザンダーの『パタン・ランゲージ』(鹿島出版会)にも書かれています。

ママも制度である

われわれ男性は気づきにくいが、ママというのも制度なんです。家族という制度の中に母親という制度があり、制度に従って家事や育児をする。しかし制度だから、みんなが当たり前だと思っているので、だれも家事や育児を承認しないのですね。昔だったら隣近所でわいわいやりながら家事も育児もしたけど、今はマンションの密室の中です。まさに施設ですね。そこはママたちにとって「人間の居る場所」ではない。

喫茶ランドリーには、地域のお年寄りもときどき顔を出しています。若いママさんたちが家事に精を出していたり、小さな子どもたちが遊んでいる姿に、お年寄りもちょっとした癒やしを感じているのかもしれない。喫茶ランドリーという、この自由で開かれた場所はまさに「人間の居る場所」だと思います。

ゴジカラ村では何時に寝起きしても良いし、当番などもない

――三浦さんが取材した物件で、ぜひ紹介したいものはありますか?

三浦　名古屋市郊外の長久手市に二〇〇三年にオープンした「ゴジカラ村　ぽちぽち長屋」は、要介護のお年寄りと普通の家族やOLさんが同居する、ちょっと変わった賃貸住宅です。お年寄りが落ち着けるよう、古民家風に作られた新築住宅で、三つの棟が少しずつズレて連なり、長屋を形成しています。その一階に要介護のお年寄りが十五人、二階にOL四人、子ども一人の夫婦一世帯が暮らしていて(取材当時)、一階には社会福祉法人の介護スタッフが二十四時間三六五日常駐し、お年寄りたちのお世話をします。

面白いのは、要介護老人・OL・子連れ夫婦という、普通に考えれば接点のない人たちがひとつ屋根の下で暮らしていること。風呂は共用だし、一階のダイニングでお年寄りと一緒に食事するOLさんもいます。高齢者から見ると、OLさんがいることで一種のエロスが生まれる

ゴジカラ村　ぽちぽち長屋

ことも大事だそうです（笑）。

――ＯＬさんたちは、なぜその建物で暮らしているのでしょうか。

三浦　アパートで一人暮らしするより、いろんな人たちと混ざって暮らしたい人が最近は増えているんですね。シェアハウスもそうですし。もちろん安心感もある。また、ＯＬさんと子連れ世帯には、運営会社から家賃補助があります。その代わり、介護スタッフに「ちょっと手伝ってもらえますか」と言われたときだけ、お年寄りの世話の手伝いをすればＯＫです。

福祉施設ではないゴジカラ村では、お年寄りたちは何時に寝ても良いし、何時に起きても良い。○○当番なども存在せず、規則というものが通常の施設よりも少ないのが良いですね。基本的に賃貸住宅なので、在宅のケアプラン以外、すべて入居している人の自由。家族も自由に泊まりに来ることができます。

――思いっきり自由なんですね。それだけ自由なのであれば、「人間の居る場所」にもなり得ますね。

三浦　その通りです。介護スタッフが常駐しているため、一ヵ月の家賃は有料老人ホーム並みですが、ＯＬさんや子連れ夫婦と家族のように触れ合うことができる。

シェア金沢では年齢や障害の有無に関わらず、ごちゃまぜに暮らしている

――コミュニティ・スペースの新たな展開として、街を丸ごとひとつ開発してしまった物件もあると伺いましたが。

三浦　二〇一四年の三月、石川県金沢市内の約一万一千坪の敷地にオープンした「シェア金沢」ですね。ここには福祉・児童入所施設やサービス付き高齢者住宅からアトリエ付き学生向け住宅、無料の天然温泉やデザイン事務所まで複数の施設や店舗が混在していて、さながらひとつの街を形成しているかのようです。シェア金沢の中には近隣住民も散歩などに来るし、障

シェア金沢

美大生が住むアトリエ付住宅。左がアトリエで右の車が住居

害者のための運動場を隣にある小学校に貸すなど、周辺とのつながりもうまくできている。

特筆すべきは、この街で暮らす障害児や高齢者が、街中にある店舗の接客や仕入担当スタッフとして働いていること。また、学生や美大生は月に三十時間、障害児や高齢者のお世話をする代わりに、相場より安い賃料で住むことができます。

また隣の街は人口増加中の住宅地で小学校は体育館が足りないので、シェア金沢の障害者用のフットサル場を体育の授業のために借りに来るそうです。

このように標準的な縦割り行政では絶対に実現できない「まちづくり」に成功し、福祉行政、文部行政、まちおこし、商店街振興など、行政上担当部署の異なる事業が横串で貫くように見事に一体化され、有機的に連動しています。

――他に素晴らしいと感じているポイントはありますか?

三浦　老若男女、障害を持つ持たないにかかわらず、ごちゃまぜに暮らしているのも良いですね。そして誰もが「できることはする」ということ。スパッと割り切ることのできない混沌の中にこそ、人間本来の暮らし方があるのではないかと感じています。

健康で、お金があって家族と仲が良い人は、歳をとっても地域とあまり関わらずに生きていけるかもしれません。しかし、夫婦はいつか必ず一人が残されるし、いつまでもお金があったり健康でいられる保証はありませんから。
歳をとるにしたがい、みんな少しずつ何かが欠けていく。そんなとき、地域の人々と知恵や労力やスキルを少しずつシェアし合うことができれば、私たちは自由に楽しく暮らしていけます。介護保険制度はもちろん大切ですが、制度に縛られない、もっと多様な暮らし方があっても良い。そんな暮らし方のヒントを、これからもこつこつ探っていこうと考えています。

（聞き手＝老人ホーム紹介サイト「みんなの介護」）

あとがき ──愛される街は悲しみを受け止める

本書は近年の都市に関する私へのインタビューや対談を中心にまとめたものであり、而立書房で二〇一六年に出版した『人間の居る場所』の続編に当たる。『人間の居る場所』という書名の評判が良かったので、本書もサブタイトルを「続・人間の居る場所」とした。もちろん内容的にも連続している。

ただし『人間の居る場所』はコミュニティデザインの経験についての話が多かったが、本書の第一部は銀座、渋谷、下町、上海など都市そのものについての話が多く、第二部は都市と働く女性の増加について、第三部は都市と高齢化、介護、シェアに関わるテーマでまとめた。インタビューや対談が多いので、文章は本として読みやすいように書き直した。

愛される街と愛される人には共通点があるように思う。それは、楽しさを提供するだけでなく、悲しみ、哀れさなどを受け止めることができるということだろう。

街づくりにはヒューマンスケールが大事だと何十年も前から言われている。ヒューマンスケールとは単に規模が小さいということではなく、人間の悲しみ、哀れさを受け止められるスケールということであろう。

ところが最近の都市再開発の巨大化は、ヒューマンスケールとは対極にある。ハイテクと利潤を追求するという、人間の一面だけが千億倍に拡大されて、そびえ立っている。その欠落を埋めるふりをして、きらびやかで楽しげな商業ゾーンが用意されているが、そんなもので現代の日本人の複雑な欲求が満たされるとは思われない。

オフィスビルだけではない。商業施設、飲食店、コンビニ、テーマパーク、老人ホーム……などなどの現代の「施設」たちは、それぞれが細かく分業化していて、人間のごく一部の欲求だけがそこで満たされるに過ぎない。働くだけ、食べるだけ、買うだけ、遊ぶだけ、死を待つだけ……。昔はあったはずの、それぞれがひとまとまりになっていた場所、人間の居る場所が現代にはなかなか見あたらない。それを探し歩き、考えたのが本書だとも言える。

最終章のインタビューを受けたとき、私の母は存命だったが、二〇一九年二月に他界した。まさに愛されキャラの母だった。老人ホームでも病院でも人気者だった。誠に残念である。墓前に本書を捧げる。

著　者

初出一覧

1章　愛される街を考える
「MARKETING HORIZON」2017年12号（日本マーケティング協会）
2章　官能から考える街
web: 東洋経済オンライン　2017/2/27
3章　銀座の未来
景観シンポジウムでの講演（日本建築美術工芸協会　2019/2/20、日大CSTホール）
「都市計画」339号（日本都市計画学会 2019/7/15）
4章　渋谷 ここしかないという場所と「ヒト消費」
「商店建築」2020年3月号（商店建築社）
7章　ヤバいビルの魅力
web：AERA dot.　2018/8/22
8章　堤さん、本当に赤トンボが飛んでいますよ
web: 日経ビジネス電子版　2018/11/1, 2
9章　女性から見た都心集中
「新都市」2019年7月号（都市計画協会）
10章　不動産業の発想の大転換が必要
web：健美家　2019/6/5-7
12章　働く母親が街を元気にする
東村山での講演（2019/5/18、東村山の未来を考えるシンポジウム）
13章　共異体、再・生活化、パブリック
web：LIXILビジネス情報　2018/11/28, 2019/1/30
14章　現代は「焼け跡の時代」、リノベーションはバラック、物は借りたり、もらったり、拾ったり
「新建築住宅特集」2019年5月号（新建築社）
16章　シェア社会と交通
第12回運輸と経済フォーラムでの講演（2018/10/19、交通経済研究所）
17章　高齢社会と地域社会
「社会運動」433号（市民セクター政策機構 2019/1）
18章　介護現場は「人間の居る場所」たりうるか？
web: みんなの介護「賢人論。」第71回　2018/8/13,16,20

5章、6章、11章、15章については株式会社LIFULL：LIFULL HOME'S PRESSからの転載　https://www.homes.co.jp/cont/press/

※ 加筆・改訂のうえ、本書に収録いたしました。

[著者略歴]

三浦 展（みうら・あつし）

1982年一橋大学社会学部卒業。㈱パルコ入社。マーケティング情報誌『アクロス』編集室勤務。86年同誌編集長。90年三菱総合研究所入社。99年カルチャースタディーズ研究所設立。消費社会、家族、若者、階層、都市などの研究を踏まえ、新しい時代を予測し、社会デザインを提案している。

著書に『第四の消費』『これからの日本のために「シェア」の話をしよう』『ファスト風土化する日本』『下流社会』『下流老人と幸福老人』『人間の居る場所』『昼は散歩、夜は読書。』『首都圏大予測 これから伸びるのはクリエイティブ・サバーブだ！』他多数。

愛される街　続・人間の居る場所

2020年5月10日　第1刷発行

著　者　三浦 展

発行所　有限会社 而立書房

東京都千代田区神田猿楽町2丁目4番2号
電話 03(3291)5589／FAX 03(3292)8782
URL http://jiritsushobo.co.jp

印刷・製本　中央精版印刷 株式会社

落丁・乱丁本はおとりかえいたします。

Printed in Japan
ISBN 978-4-88059-419-4　C0052

三浦 展

人間の居る場所

2016.4.10 刊
四六判並製
320 頁
定価 2000 円
ISBN978-4-88059-393-7 C0052

近代的な都市計画は、業務地と商業地と住宅地と工場地帯を四つに分けた。しかしこれからの時代に必要なのは、機能が混在し、多様な人々が集まり、有機的に結びつける環境ではないだろうか。豪華ゲスト陣とともに「まちづくり」を考える。

三浦 展

昼は散歩、夜は読書。

2018.10.10 刊
四六判並製
352 頁
定価 2000 円
ISBN978-4-88059-409-5 C0036

『下流社会』『第四の消費』などで出色の時代分析を提示してきた筆者が、肩の力をぬいて語るこれまでのことと、これからのこと。第一部は、「都市」と「社会」に関わるブックガイド。第二部には、近年のコラムと半自伝的文章を収録。

前川國男

建築の前夜　前川國男文集

1996.10.1 刊
四六判上製
360 頁
定価 3000 円
ISBN978-4-88059-220-6 C1052

ル・コルビュジエに師事し、戦前戦後を通じて日本建築界に大きな足跡を残した建築家・前川國男が生涯追い求めた「近代建築」とは何だったのか。この文集をとおして前川とめぐり会い、建築の初心をつかみ取ってくれることを期待する。

浜口隆一

市民社会のデザイン　浜口隆一評論集

1998.6.25 刊
四六判上製
432 頁
定価 3000 円
ISBN978-4-88059-240-4 C1052

新進の建築設計家として出発しながら、建築の評論へと転進し、ついには市民社会におけるデザインの分野に大きな足跡を遺した浜口隆一の遺稿集である。生前、著書を持たなかった著者の論文を集めるのに、編集者たちは大変な苦労をした。

「水脈」の会 編

内的風景

2001.5.25 刊
四六判上製
216 頁
定価 2000 円
ISBN978-4-88059-271-8 C0095

前川國男を核にした同人誌的性格の「風声」「燎」の巻頭のエッセイを収録。収録者は、篠田桃紅、浦辺鎮太郎、磯崎新、鈴木華子、西澤文隆、前川國男、倉俣史朗、中村錦平、武藤一洋、北川省一、本間利雄、藤村加代子、高見澤たか子、長谷川堯など。

森尻純夫

インド、大国化への道。

2016.11.10 刊
四六判並製
296 頁
定価 1900 円
ISBN978-4-88059-397-5 C0031

21 世紀の半ばには、インドは世界一の人口を擁し、経済規模は世界 5 位内の総生産量 (GDP) を誇る大国になるといわれています。首相モディについて、日本とのパートナーシップの可能性、アジア地域のパワーバランス等、仔細に語ります。

ウンベルト・エコ／谷口伊兵衛、G・ピアッザ 訳
2019.5.25 刊
A 5 判上製
224 頁
定価 2400 円

現代「液状化社会」を俯瞰する

ISBN978-4-88059-413-2 C0010

情報にあふれ、迷走状態にある現代社会の諸問題について、国際政治・哲学・通俗文化の面から展覧する。イタリア週刊誌上で 2000 年から 2015 年にかけて連載された名物コラムの精選集。狂気の知者U・エコ最後のメッセージ。

アンソニー・ギデンズ／松尾、西岡、藤井、小幡、立松、内田 訳
2009.3.25 刊
A 5 判上製
1024 頁
定価 3600 円

社会学　第 5 版

ISBN978-4-88059-350-0 C3036

私たちは絶望感に身を委ねるほかないのだろうか。間違いなくそうではない。仮に社会学が私たちに呈示できるものが何かひとつあるとすれば、それは人間が社会制度の創造者であることへの強い自覚である。未来への展望を拓くための視座。

U・ベック、A・ギデンズ、S・ラッシュ／松尾、小幡、叶堂 訳
1997.7.25 刊
四六判上製
416 頁
定価 2900 円

再帰的近代化

ISBN978-4-88059-236-7 C3036

モダニティ分析の枠組みとして「再帰性」概念の確立の必要性を説く三人が、モダニティのさらなる徹底化がすすむ今の時代状況を、政治的秩序や脱伝統遵守、エコロジー問題の面から縦横に論じている。

アンソニー・ギデンズ／松尾、藤井、小幡 訳
2000.8.25 刊
四六判上製
304 頁
定価 2500 円

社会学の新しい方法規準　第 2 版

ISBN978-4-88059-270-1 C3036

ウェーバー、マルクス、デュルケムに始まり、パーソンズ、シュッツ、ガーフィンケル、ガダマー、ハーバーマスにいたる、錯綜した社会理論の潮流を鳥瞰、デュルケムの提示した方法規準に対峙する注目の著作。

アンソニー・ギデンズ、C・ピアスン／松尾精文 訳
2001.9.25 刊
四六判上製
368 頁
定価 2500 円

ギデンズとの対話

ISBN978-4-88059-280-0 C3036

1970 年代初めから 98 年(本書刊行年)までのギデンズの思索を網羅するインタビュー。古典社会学の創始者とのやりとりに始まり、「再帰的モダニティ」の概念に基づく世界政治の実態についての見解まで、明晰かつ簡潔な表現でとことん語る。

ルチャーノ・デ・クレシェンツォ／谷口伊兵衛、G・ピアッザ 訳
2003.9.25 刊
B 5 判上製
216 頁
定価 2500 円

クレシェンツォのナポリ案内　ベッラヴィスタ氏見聞録

ISBN978-4-88059-297-8 C0025

現代ナポリの世にも不思議な光景をベッラヴィスタ氏こと、デ・クレシェンツォのフォーカスを通して古き良き時代そのままに如実に写し出している。ドイツ語にも訳された異色作品。図版多数。本書はいわば都市論である。